Anleitung

zur

Darstellung chemischer anorganischer Präparate

für Chemiker und Pharmazeuten.

Von

Dr. Reinhart Blochmann,
Professor an der Universität Königsberg.

Mit zahlreichen Figuren.

Dritte, unveränderte Auflage.

Berlin und Leipzig 1921
VEREINIGUNG WISSENSCHAFTLICHER VERLEGER
WALTER DE GRUYTER & CO.
vormals G. J. Göschen'sche Verlagshandlung — J. Guttentags Verlagsbuchhandlung — Georg Reimer — Karl J. Trübner — Veit & Comp.

Vorwort zur ersten Auflage.

Das vorliegende Büchlein soll dem Studierenden der Chemie und Pharmazie als erste Anleitung bei der Darstellung anorganischer Präparate dienen, nachdem er durch praktische Übungen auf dem Gebiete der analytischen Chemie festen Fuß gefaßt hat.

Die rationelle Darstellung chemischer Präparate hat sich immer an die stöchiometrischen Verhältnisse der aufeinander einwirkenden Körper anzulehnen. Die Art und Weise dieser Einwirkung ist bei jedem Präparate kurz angegeben und hierauf eine bestimmte Aufgabe gestellt. Nach dieser sind die Gewichtsmengen der anzuwendenden Roh- und Hilfsstoffe von dem Praktikanten selbst zu bemessen. Wo ein Abweichen von den stöchiometrischen Verhältnissen aus praktischen oder anderen Gründen geboten erscheint, ist dies hervorgehoben und begründet. Der Ausführende kann sonach zunächst eine Rechnung nicht umgehen, welche das Verständnis der chemischen Vorgänge, die er herbeiführen will, voraussetzt.

Die erreichbare Ausbeute, oder das Verhältnis, in welchem dieselbe zur Theorie steht, ist zum Vergleich der gewonnenen Resultate vermerkt. Vorausgesetzt ist dabei, daß der Prozeß bis zu Ende durchgeführt wurde. Auf die Merkmale, durch welche sich die Beendigung der Reaktion zu erkennen gibt, wurde, wo es erforderlich schien, hingewiesen und ebenso zur Kontrolle des richtigen Verlaufs der Operation auf die zu beobachtenden Erscheinungen aufmerksam gemacht.

Wenn die Absicht vorliegt, eine bestimmte Verbindung herzustellen, so läßt sich dies nur in wenigen Fällen in der Weise ausführen, daß die erforderlichen Materialien in dem Produkt (wie Eisenvitriol, Schwefelsäure, Ammoniak und Salpetersäure im Eisenammoniakalaun) ohne greifbare Nebenprodukte aufgehen. In den meisten Fällen entstehen solche Nebenprodukte. Gewisse Zweige der chemischen Großindustrie sind nur infolge einer Verwertung der Nebenprodukte rentabel. Überall da, wo diese Nebenprodukte verwertbar erscheinen, ist aufgegeben, dieselben in einer brauchbaren Form zu gewinnen, in der Absicht, eine frühzeitige Gewöhnung: den Verlauf einer Reaktion nach jeder Richtung hin zu beachten, anzuregen.

Für die Auswahl der Präparate war maßgebend:

1. Als Ausgangsmaterial dienen
   a) Naturprodukte (wie Schwerspat, Kryolith, Grauspießglanzerz) oder Produkte der chemischen Großindustrie (wie Schwefelsäure, Salzsäure, Soda, Salpeter);
   b) die bei vorausgegangenen Operationen erhaltenen Haupt- und Nebenprodukte.

Die Kosten für die Rohmaterialien zur Herstellung der Präparate, welche an einigen Orten von den Instituten, an anderen Orten von den Praktikanten selbst getragen zu werden pflegen, sind daher gering[1] und die Anhäufung nicht verwertbarer Produkte ist vermieden.

2. Die Zeitdauer, welche einzelne Operationen ohne Unterbrechung erfordern, übersteigt nicht die in der Regel verfügbare Arbeitszeit von 2 bis 3 Stunden.

Ein Vermerk hierüber an geeigneter Stelle erleichtert es dem Ausführenden, eine zweckmäßige Disposition zu treffen.

---

[1] Die Kosten für Roh- und Hilfsstoffe zur Ausführung sämtlicher Präparate belaufen sich auf etwa 6 Mark.

3. Die ausgewählten Präparate sollen Gelegenheit geben, die verschiedenartigsten chemischen Vorgänge, die gebräuchlichsten Operationen und mannigfache bewährte, leicht zu beschaffende Apparate kennen zu lernen.

Was die Art der Darstellung betrifft, so sind bei jedem Präparat zunächst die erforderlichen Roh- und Hilfsstoffe benannt, dann folgt eine kurze Angabe über den Verlauf des chemischen Vorgangs und nun ist in bestimmter Weise die Aufgabe gestellt. Die sich anschließende Beschreibung der auszuführenden Operationen bzw. die Anleitung zur Herrichtung des Apparates ist bei den ersten Präparaten in eingehendster Weise erfolgt, bei den späteren, bei denen schon eine gewisse Übung vorausgesetzt wird, in knapperer Form gegeben. Ein Hinweis auf die Ausbeute, Eigenschaften und Prüfung des Präparates beschließt die einzelnen Abschnitte.

Königsberg i. Pr., im Januar 1895.

R. Blochmann.

Vorwort zur zweiten Auflage.

Die neue Auflage ist nur durch wenige Präparate (kolloide Kieselsäure, Nickeltetrakarbonyl usw.) erweitert worden, entsprechend dem Zwecke der Anleitung, die nicht einzelne Präparate zur Auswahl stellen will, sondern eine Folge von Aufgaben enthält, deren Lösung eine fortschreitende Übung erfordert. Das Anpassen an die Zeitdauer des praktischen Unterrichts macht auch für diesen Zweig eine Beschränkung nötig, immerhin sind für die Darstellung anorganischer Präparate gewisse Forderungen zu stellen, die bei einer glatten Darstellung, z. B. von Amidosulfonsäure aus Monochlorschwefelsäure, erfüllt sein dürften.

Neu hinzugekommen ist eine kurze Anleitung zur maßanalytischen Untersuchung der Präparate, welche Beispiele aus dem Bereiche der Alkalimetrie und Acidimetrie, der Oxydations- und Reduktionsanalysen und der Jodometrie umfaßt. Die Erfahrung hat gelehrt, daß sich maßanalytische Übungen mit der Darstellung von Präparaten vorteilhaft verbinden lassen.

Königsberg i. Pr., im September 1910.

R. Blochmann.

Inhalt.

Erster Teil.

Präparate.

Zweiter Teil.

Maßanalytische Untersuchung der Präparate.

Dritter Teil.

Tabellen.

Erster Teil.

Präparate.

1. Salzsäure.

(**Nebenprodukt:** *Mononatriumsulfat.*)

Roh- u. Hilfsstoffe: Kochsalz, konz. Schwefelsäure, konz. Salzsäure.

Bei der Einwirkung von konz. Schwefelsäure auf Kochsalz entsteht bei gewöhnlicher Temperatur, sowie bei mäßigem Erwärmen neben Salzsäure zunächst Mononatriumsulfat, auch wenn Kochsalz im Überschuß vorhanden ist:

1) $$2NaCl + H_2SO_4 = HCl + NaHSO_4 + NaCl.$$

Erst beim stärkeren Erhitzen des Reaktionsgemisches setzt sich das Mononatriumsulfat mit noch vorhandenem Kochsalz um:

2) $$NaHSO_4 + NaCl = Na_2SO_4 + HCl.$$

Im kleinen[1] bereitet man die Salzsäure nach der Gleichung:

3) $$NaCl + H_2SO_4 = HCl + NaHSO_4.$$

Aufgabe: *Es sollen 500 g einer wäßrigen Lösung von Salzsäure mit 20 Proz. HCl dargestellt werden.*

Der Apparat (siehe Fig. 1) besteht aus dem Entwickelungsgefäß *A*, das auf einem Tellerbrenner im Sandbade[2] steht, der Waschflasche *B* und der Retorte *C*, die zur Aufnahme des Wassers dient, in welches die Salzsäure geleitet werden soll. Die Retorte ruht mit dem Bauche in einer Schale zur Aufnahme des Kühlwassers von etwa 3 l Inhalt und

[1] In der Technik arbeitet man in gemauerten Öfen und weil es ökonomischer ist, oder in der Absicht Binatriumsulfat zu erhalten, nach der Gleichung:

$$2NaCl + H_2SO_4 = 2HCl + Na_2SO_4.$$

[2] Statt des Sandbades kann hier und in vielen andern Fällen der Ostwaldsche Ofen (Fig. 13, S. 38) verwendet werden.

ist so in die Klemme eines Stativs zu befestigen, daß sie um die Achse ihres Halses drehbar ist.

Als Entwickelungsgefäß dient ein Rundkolben *A* von etwa 2 l Inhalt. Die Öffnung desselben ist durch einen gutschließenden Kork, in dessen Durchbohrungen ein Sicherheitstrichter *a* und das Gasableitungsrohr *b* luftdicht passen, verschlossen. Es ist zweckmäßig, die Röhre *b* (und ebenso die Röhre *e*) an ihrem unteren Ende abzuschrägen, oder mit einer feucht zu haltenden Rundfeile in das untere Ende derselben seitlich ein Loch einzufeilen, um zu vermeiden, daß die hier sich ansammelnden Tropfen von dem Gasstrom mitgerissen werden.

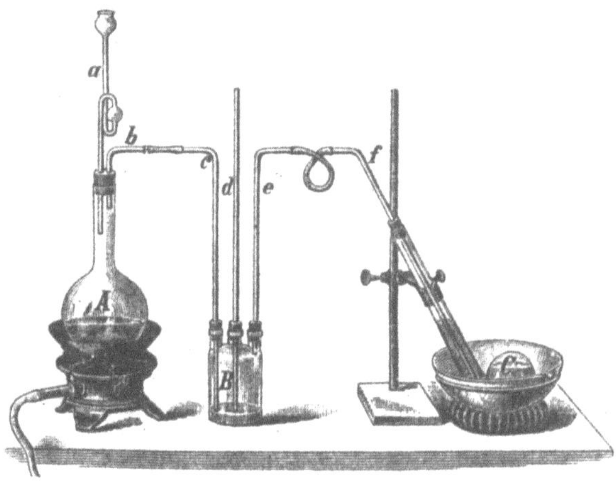

Fig. 1. Apparat zur Darstellung von Salzsäure.

Die dreihalsige Waschflasche *B* faßt ungefähr 0,5 l, man wählt sie am besten so aus, daß ihre Höhe etwa noch einmal so groß ist, als ihr Durchmesser. Die Hälse sind mit Korkstopfen verschlossen, durch deren Bohrungen das Zuleitungsrohr *c*, das Ableitungsrohr *e* und das Sicherheitsrohr *d*, welches ein Zurücksteigen der Flüssigkeit aus *B* nach *A* verhindert, luftdicht führen. (An Stelle der dreihalsigen Waschflasche kann auch eine Kochflasche usw. treten, die mit einem dreifach durchbohrten Kork versehen ist.)

Die Retorte soll bei wagrechter Lage des Halses in ihrem Bauche 400 bis 450 ccm fassen, der Hals soll so weit sein, daß das Flüssigkeitsquantum, welches, wenn der Hals der Retorte schräg nach oben gerichtet wird, durch Luft verdrängbar ist, in dem Halse Platz findet. Der Kork, welcher der am unteren Ende etwas umgebogenen Röhre *f* als Führung dient, schließt die Öffnung der Retorte nicht luftdicht ab, ist vielmehr, um dies zu verhindern, der Länge nach mit einem Einschnitt versehen.

Die Röhren *b* und *c* sind durch ein kurzes, die Röhren *e* und *f* durch ein längeres Stück Kautschukschlauch miteinander verbunden.

Ausführung: Ist der Apparat auf den luftdichten Verschluß seiner einzelnen Teile hin untersucht, dann ermittele zunächst das Gewicht des Entwickelungskolbens, der Waschflasche und der Retorte. In die Retorte bringe die erforderliche Menge destilliertes Wasser, die Waschflasche fülle ungefähr zu $^1/_5$ mit konz. Salzsäure,[1] deren spez. Gewicht zuvor mittels eines Aräometers festgestellt ist, und wäge die Flasche hierauf wieder. Die konz. Schwefelsäure ist nach Gleichung 3 unter Berücksichtigung ihres spez. Gewichtes zu bemessen und mit $^1/_5$ ihres Gewichtes Wasser zu verdünnen (in welcher Weise? Vorsicht!), um eine zu stürmische Einwirkung zu vermeiden. Nach dem Erkalten wird das Gemisch in den Entwickelungskolben, in welchem sich das Kochsalz bereits befindet, durch die Trichterröhre *a* gegossen. Zuvor ist jedoch der Retorte eine solche Stellung zu geben, daß die durch das Eingießen der Säure aus dem Apparat verdrängte Luft sich nicht im Bauche der Retorte ansammeln kann, sondern sogleich durch den Hals derselben entweicht. Durch Umschwenken des Entwickelungskolbens führe eine gleichmäßige Mischung des Kochsalzes und der Schwefelsäure herbei und zünde hierauf die Flamme unter dem Sandbade an.

Sobald im Halse der Retorte weiße Nebel auftreten und das infolge der Absorption anfangs entstehende Geräusch bemerkbar wird, bringe die Retorte in die Lage, in welcher sich alle aufsteigenden Gasblasen im Bauche derselben ansammeln. Es tritt bald eine lebhafte Salzsäureentwickelung ein, die durch eine größere Flamme weiter gesteigert werden kann, wobei jedoch zu beachten ist, daß der Inhalt des Entwickelungskolbens nicht überschäume. Bedeckt man den nicht ins Wasser eintauchenden Teil des Retortenbauches mit einem nassen Lappen, so ist ein nennenswerter Verlust an Salzsäure, infolge unvollständiger Absorption nicht zu befürchten. Man kann sich von

[1] Würde man Wasser in die Waschflasche geben, so würde von demselben ein erheblicher Teil *HCl* zurückgehalten werden und das Produkt nicht die gewünschte Stärke erreichen.

der vollständigen Absorption leicht überzeugen, wenn man einen mit Ammoniak befeuchteten Glasstab an die Öffnung des Retortenhalses bringt, oder wenn man in den Einschnitt des Korkes, durch welchen die Röhre *f* in die Retorte geführt ist, einen Streifen blaues Lackmuspapier steckt. Steigt der Druck im Bauche der Retorte während der Operation so weit, daß ihm die Flüssigkeitssäule in dem Sicherheitstrichter *a* nicht mehr das Gleichgewicht zu halten vermag, so vermindere den Druck in der Retorte durch geeignetes Drehen derselben.

Das Ende der Reaktion gibt sich durch folgende Erscheinungen zu erkennen: das Schäumen in dem Entwickelungskolben läßt nach, die Röhren, welche denselben mit der Waschflasche verbinden, werden heiß (warum?), die Flüssigkeit in der Retorte zeigt Neigung, durch die Röhre *f* zurück zu steigen, und endlich treten in die Waschflasche bei zufälliger Abkühlung derselben durch das Sicherheitsrohr Luftblasen ein. Man löst jetzt, nachdem die Flamme unter dem Sandbade zuvor kleiner gestellt ist, die Kautschukverbindung zwischen *A* und *B*, macht die Flamme wieder größer und prüft die austretenden Dämpfe. Treten an einem mit Ammoniak befeuchteten Glasstab keine deutlich sichtbaren Salmiaknebel auf, so ist die Operation beendet. — Dauer der Operation: Ungefähr 2 Stunden.

Ausbeute: *Zur Ermittelung der Ausbeute ist das absolute und spezifische Gewicht des Inhaltes der Retorte und der Waschflasche zu bestimmen. Die Berechnung ergibt, ob in der Waschflasche mehr oder weniger HCl vorhanden ist, als vor Beginn des Versuches in dieselbe gebracht wurde. Das Plus ist der in der Retorte gefundenen HCl hinzu zu addieren, das Minus abzuziehen. Bei richtigem Verlauf der Operation erhält man 90 bis 95 Proz. der theoretischen Ausbeute. Das Produkt enthält jedoch in der Regel nur 18 bis 19 Proz. HCl.*[1]

[1] Um der Aufgabe, 20prozentige Salzsäure herzustellen, genügen zu können, ist von den berechneten 400 g Wasser vor Beginn der Darstellung nur der größere Teil in die Retorte zu geben und etwas (etwa 50 g) Wasser zu reservieren. Es ist dann von vornherein ein stärkeres Produkt zu erwarten, welches mit einem Teil des reservierten Wassers genau auf 20 Proz. *HCl* verdünnt werden kann.

Prüfung: Das Produkt ist arsenfrei, wenn die verwendete Schwefelsäure arsenfrei war, es soll frei von Schwefelsäure sein und, ohne einen Rückstand zu hinterlassen, verdampfen. Die genaue Ermittelung des Gehaltes an *HCl* ist maßanalytisch auszuführen (S. 80).

Nebenprodukt: *Mononatriumsulfat,* $NaHSO_4$.

Der Kolbeninhalt erstarrt nach dem Erkalten kristallinisch. Übergieße ihn mit einer seinem Gewicht gleichen Menge Wasser und löse ihn durch Erwärmen auf dem Wasserbade. Nach dem Abfiltrieren dampfe zunächst in einer Porzellanschale auf

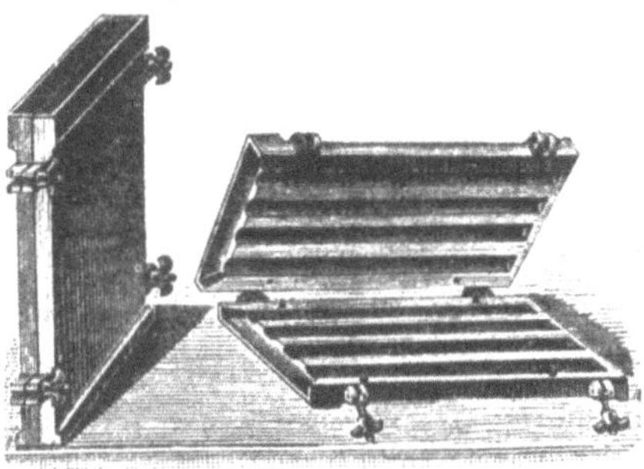

Fig. 2. Apparat zum Ausgießen in Stangenform.

dem Wasserbade ein, bis sich auf der Oberfläche der Lösung eine Salzhaut zu bilden beginnt. Dann setze die Porzellanschale über einem Drahtnetz auf einen Tellerbrenner und erhitze unter Umrühren weiter bis kein Schäumen mehr stattfindet. Die Temperatur der geschmolzenen Masse beträgt dann etwa 250°. Streicht man den beim Herausnehmen des Thermometers an der Kugel hängenbleibenden Tropfen auf einen Glasscherben ab, so erstarrt der Tropfen sogleich zu einer festen Masse, die sich mit dem Fingernagel nicht mehr teilen läßt. Der Inhalt der Schale wird jetzt in eine eiserne Stangenform (Fig. 2) oder auf eine Platte ausgegossen.

Ausbeute: *95 Prox. der Theorie.*

2. Ammoniak.

(**Nebenprodukt:** *Granuliertes Chlorcalcium.*)

Roh- u. Hilfsstoffe: Salmiak, gebrannter Kalk, konz. Ammoniak.

Calciumhydroxyd macht aus Salmiak Ammoniak frei:

1) $$2NH_4Cl + Ca(OH)_2 = 2NH_3 + CaCl_2 + 2H_2O.$$

Das Calciumhydroxyd ist aus gebranntem Kalk darzustellen:

2) $$CaO + H_2O = Ca(OH)_2.$$

Aufgabe: ***Es sollen 500 g einer wäßrigen Lösung von Ammoniak mit 10 Proz. NH_3 dargestellt werden.***

Apparat: wie bei Präparat 1.

Ausführung: Zur Bereitung des Calciumhydroxyds nimm 20 Proz. (frisch gebrannten) Kalk mehr, als die Gleichung 1 erfordert, weil der Kalk, abgesehen von Magnesia, Eisenoxyd usw. mehr oder weniger Wasser und Kohlensäure (aus der Luft) enthält Übergieße den Kalk in einer Schale mit der nach Gleichung 2 erforderlichen Menge Wasser. Hierbei erhitzt sich der Kalk allmählich so stark, daß etwas Wasser verdampft, das zu ersetzen ist. Nach dem Löschen soll der Kalk zu Pulver zerfallen sein und sich trocken anfühlen. — Die Dauer des Löschens richtet sich nach der Beschaffenheit des Kalkes; sie beträgt bis zur hinreichenden Abkühlung des Kalkes in der Regel 1 bis 2 Stunden.

Ist der Apparat auf den luftdichten Verschluß seiner einzelnen Teile hin untersucht, dann bringe in die Retorte[1] die erforderliche Menge destilliertes Wasser[2] und in die Wasch-

[1] Die sichere Darstellung des Präparates ist mit von der richtigen Größe der Retorte abhängig. Das vorgelegte Wasser soll in dem Bauche der Retorte bei wagrechter Stellung des Halses Platz haben.

[2] Nach den beim Präparat 1 gemachten Erfahrungen muß es von vornherein zweckmäßig erscheinen, um der Aufgabe, 10prozentiges Ammoniak herzustellen, zu genügen, von den erforderlichen 450 g Wasser einen Teil (50 bis 100 g) zu reservieren. Es ist dann ein stärkeres Produkt zu erwarten, welches mit dem noch disponiblen Wasser genau auf 10 Proz. NH_3 verdünnt werden kann.

flasche ungefähr 100 g Ammoniak vom spez. Gew. 0,945 bis 0,960. (Absol. und spez. Gew. sind genau zu ermitteln!) Nachdem der gelöschte Kalk und die nach Gleichung 1 berechnete Menge Salmiak in den Entwickelungskolben geschüttet sind, gieße durch den Hals desselben so viel Wasser, als zur Lösung des Salmiaks bei 100° erforderlich ist, verschließe den Kolben sogleich, mische den Inhalt durch Umschwenken und erwärme auf dem Sandbade, nachdem zuvor die Retorte in eine solche Lage gebracht ist, daß Gasblasen, ohne sich im Bauche ansammeln zu können, direkt durch den Hals entweichen. Sobald der größte Teil der Luft durch das sich entwickelnde Ammoniakgas aus dem Apparat verdrängt ist, was sich durch Kleinerwerden der Gasblasen (und später durch ein knatterndes Geräusch) bemerkbar macht, bewirke durch Drehen des Retortenhalses um seine Achse, daß die Gasblasen im Bauche aufsteigen und gib der Retorte eine feste Stellung. Zeitweise ist durch geeignetes Drehen der Retorte der sich steigernde Druck zu regulieren. Das Kühlen der Retorte geschieht wie bei Versuch 1. Wendet man ein Gefäß an, das etwa 3 l faßt, so steigt die Temperatur des Kühlwassers während der Dauer der Operation nur um 5 bis 10° C.

Die Flamme unter dem Sandbade ist so zu regulieren, daß ein lebhaftes Kochen des Kolbeninhaltes stattfindet. Der Inhalt der Waschflasche erhitzt sich dabei mehr und mehr und nimmt infolge des Überdestillierens von Wasser[1] erheblich zu.

Das Ende der Operation erkennt man daran, daß die Flüssigkeit in der Retorte Neigung zeigt, durch die Röhre *f* zurück zu steigen. Wenn dies eintritt, setze das Erhitzen noch etwa $^1/_2$ Stunde fort und prüfe hierauf nach dem Lösen des die Waschflasche und den Entwickelungskolben verbindenden Kautschukschlauches die frei entweichenden Dämpfe. Treten an einem mit Salzsäure befeuchteten Glasstab keine deutlich sichtbaren Salmiaknebel auf, so ist die Operation beendet. — Dauer der Operation ungefähr: 3 Stunden.

[1] Es destillieren während der Operation über 100 g Wasser in die Waschflasche über.

Ausbeute: *Die Berechnung der Ausbeute erfolgt wie bei Präparat 1 angegeben. Bei regelrechtem Verlauf der Operation werden bis 95 Proz. der möglichen Ausbeute erhalten.*

Prüfung: Das Produkt soll beim Verdampfen keinen Rückstand hinterlassen. Die genaue Ermittelung des Gehaltes an NH_3 ist maßanalytisch auszuführen (S. 81).

Nebenprodukt: *Granuliertes Chlorcalcium, $CaCl_2$.*

Den Kolbeninhalt gieße noch warm von den in der Regel zurückbleibenden festen Stücken[1] in eine Porzellanschale ab und koche ihn unter Umrühren so lange, bis ein über die Schale gehaltener Streifen Lackmuspapier nicht mehr blau gefärbt wird. Hierauf verdünne den Inhalt der Schale (vorsichtig!) mit etwa 500 ccm Wasser, gieße ihn in ein Becherglas und lasse über Nacht absitzen. Ist die Flüssigkeit über dem Bodensatz gefärbt und läßt sich in derselben Eisen qualitativ nachweisen, so füge, um dasselbe vollständig zu oxydieren, einige Gramme Chlorkalk, die zuvor mit etwas Wasser angerührt wurden, hinzu, und neutralisiere hierauf mit Salzsäure. Sollte dabei die Flüssigkeit wider Willen sauer geworden sein, so ist etwas Kalkwasser zuzusetzen. Nach dem Absitzen filtriere die farblose Flüssigkeit durch ein Faltenfilter klar ab und dampfe in einer Porzellanschale zunächst auf dem Wasserbade ein, bis sich die Menge der Flüssigkeit nicht mehr verringert.[2] Nun erhitze über der mit einem Drahtnetz bedeckten Flamme eines Tellerbrenners unter beständigem Umrühren so lange, bis der Inhalt der Schale fest geworden ist, auch dann setze nach Entfernung des Drahtnetzes das Erhitzen noch weiter fort, bis sich auf einem über die Schale gehaltenen Glasscherben kein Beschlag von Wasserdampf mehr bildet.

Das entwässerte Chlorcalcium ist sehr hygroskopisch und findet daher Anwendung zum Trocknen von Gasen, zur quan-

---

[1] Dieselben bestehen im wesentlichen aus Calciumoxychlorid $\left(Ca{Cl \atop OH}\right)$.

[2] Läßt man die Flüssigkeit jetzt erkalten, so kristallisiert $CaCl_2$, $6\,aq$ aus.

titativen Bestimmung des Wassers bei der Elementaranalyse usw. Es ist zweckmäßig, das Chlorcalcium sogleich zu körnen und in die hierzu bestimmten Röhren zu bringen.

Zu diesem Zweck entleere den noch heißen Inhalt der Schale in einen Porzellanmörser, zerkleinere die größeren Stücke bis zu Erbsengröße und siebe — alle Operationen sind möglichst zu beschleunigen — das Pulver ab. Man bedient sich hierbei am besten zweier Siebe mit verschieden großen Öffnungen, die so zu wählen sind, daß die gewünschte Korngröße durch die Löcher des einen Siebes hindurchfällt, auf dem andern jedoch liegen bleibt. In die kugelförmige Erweiterung der fertig zugerichteten Chlorcalciumröhre bringe zunächst etwas Watte, schütte das gekörnte Chlorcalcium darauf und bedecke die oberste Schicht wieder mit Watte, bevor die Röhre mit dem Stopfen verschlossen wird.

Soll die Chlorcalciumröhre zu quantitativen Bestimmungen dienen, so ist es unerläßlich, zuvor Kohlensäure durch dieselbe zu leiten, um Calciumoxychlorid, welches beim starken Erhitzen in geringer Menge immer entsteht, in neutrale Salze zu verwandeln:

$$2\,Ca\genfrac{}{}{0pt}{}{OH}{Cl} + CO_2 = CaCl_2 + CaCO_3 + H_2O.$$

3. Natriumammoniumsulfat.

$NaNH_4SO_4,\ 2aq.$

Roh- u. Hilfsstoffe: Mononatriumsulfat, Ammoniak.

Die Bildung des Salzes erfolgt nach der Gleichung:

$$NaHSO_4 + NH_3 = NaNH_4SO_4.$$

Aufgabe: *Aus dem bei Präparat 1 als Nebenprodukt gewonnenen Mononatriumsulfat und Ammoniak vom spez. Gew. 0,880 bis 0,900 stelle die Verbindung dar und zwar in der Art, daß nach dem Erkalten des Gemisches ohne weiteres Eindampfen die Ausscheidung von 100 g des kristallisierten Doppelsalzes zu erwarten ist.*

Ausführung: In einen Rundkolben von etwa 1 l Inhalt gib die vorhandene Menge des Mononatriumsulfats und die unter Berücksichtigung des Wassergehaltes des zu verwendenden Ammoniaks berechnete Wassermenge. Nachdem sich der größte

Teil des Salzes gelöst hat, gieße etwa 10 ccm von der Lösung in ein Probierglas ab. Hierauf gib vorsichtig die abgewogene Menge Ammoniak in den Kolben. Die Lösung erwärmt sich hierbei (auf etwa 80° C) und wird alkalisch; tritt gleichzeitig eine Trübung[1] ein, so filtriere in eine flache Porzellanschale, setze nun unter Umrühren so viel von der in das Probierglas abgegossenen Lösung zu dem Inhalt der Schale, daß derselbe neutral reagiert und stelle die Schale an einen kühlen Ort.

Das Natriumammoniumsulfat bildet gern übersättigte Lösungen. Es ereignet sich daher oft, daß selbst nach tagelangem Stehen nichts auskristallisiert. In diesem Falle bringe einige Tropfen der Lösung auf ein Uhrglas, verdampfe dieselben, bis sich beim Erkalten Kristalle ausscheiden und wirf dieselben in die Schale.

Eigenschaften: Rhombische Kristalle. 1 Teil $NaNH_4SO_4, 2aq$ löst sich bei 15° in $2^1/_7$ Teilen Wasser.

4. Salpetersäure.

(Nebenprodukt: *Monokaliumsulfat*, $KHSO_4$.)

Roh- u. Hilfsstoffe: Kalisalpeter, konz. Schwefelsäure.

Die Darstellung erfolgt nach der Gleichung:

$$KNO_3 + H_2SO_4 = HNO_3 + KHSO_4.$$

Aufgabe: *Es sollen 100 g HNO_3 dargestellt werden.*

Der **Apparat** besteht aus einer Retorte *A* und dem Rundkolben *B*, welche, wie die Fig. 3 zeigt, ineinandergefügt sind. Die Retorte ruht in einem Sandbade, das auf dem Tellerbrenner *C* steht. Der Rundkolben liegt in der zur Aufnahme des Kühlwassers bestimmten Schale und wird durch ein Stativ, das seinen Hals umklammert, in dieser Lage festgehalten.

Die Retorte soll in ihrem Bauche 0,7 bis 0,8 l fassen und mit ihrem Halse so in den Rundkolben von ungefähr 1 l passen, daß, wenn

[1] Infolge der Ausscheidung von in dem bei Gewinnung des Sulfats verwendeten Kochsalz, bzw. in der Schwefelsäure etwa vorhanden gewesenen Verunreinigungen (Eisenoxyd, Tonerde, Magnesia usw.).

derselbe den oberen Teil des Halses der Retorte fest umschließt, das untere Ende desselben bis in die Mitte der Kugel des Rundkolbens reicht.

Vermag die Schale ungefähr 3 l Kühlwasser aufzunehmen, so ist eine Erneuerung desselben während der Operation nicht nötig.

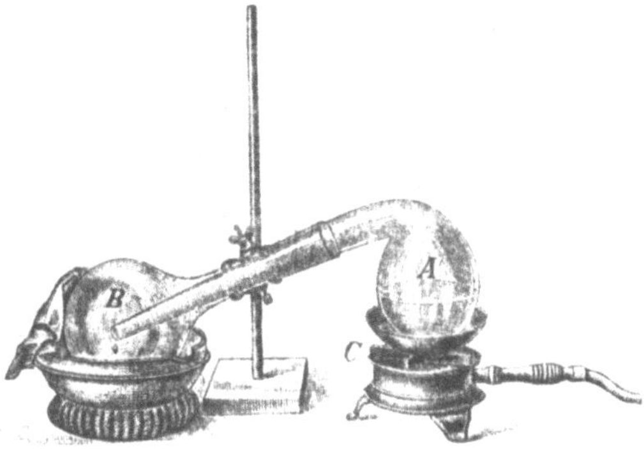

Fig. 8. Darstellung von Salpetersäure.

Ausführung: Bringe den Salpeter in die trockene Retorte, füge hierauf die erforderliche Menge konz. Schwefelsäure durch einen Trichter, dessen Stiel bis in den Bauch der Retorte reicht, hinzu und ziehe den Trichter nach dem Abtropfen der Schwefelsäure vorsichtig aus dem Halse der Retorte, ohne hierbei die Wandungen derselben zu berühren. Beim Umschwenken der Retorte erwärmt sich der Inhalt.

Stelle Retorte und Vorlage unter einem Abzuge auf, gib in die Schale kaltes Wasser und erwärme das Sandbad zunächst mit kleiner Flamme. Es treten bald Dämpfe auf, die anfangs infolge von Reduktion der Salpetersäure durch Spuren des dem Salpeter beigemengten Staubes und gegen Ende der Operation infolge von Zersetzung der Salpetersäure durch die Hitze gelbbraun gefärbt sind. Die Flamme läßt sich leicht so regulieren, daß die Dämpfe sich im Halse der Retorte und in der Vorlage vollständig verdichten, was durch Auflegen eines nassen Lappens auf letztere begünstigt wird.

Ist der Inhalt der Retorte, der sich zunächst zum Teil wenigstens verflüssigt, wieder fest geworden, so ist die Hitze zu steigern. Das Ende der Operation erkennt man daran, daß nur noch von Zeit zu Zeit Tropfen in die Vorlage fallen und die Dämpfe in der Retorte sich dunkler färben. Nimm jetzt mit der nötigen Vorsicht das Sandbad unter der Retorte weg, ersetze es durch ein Drahtnetz und erhitze noch so lange, bis der Inhalt der Retorte geschmolzen ist.[1] Nun ziehe die Retorte, wobei die Hand durch Umwickeln mit einem Handtuch zu schützen ist, aus dem Halse der Vorlage und gieße das Monokaliumsulfat in eine dünnwandige Porzellanschale von ungefähr 400 ccm Inhalt, die zuvor auf das heiße Sandbad gestellt war. Um den letzten Rest des Salpeters aus dem Produkt zu entfernen, erhitze die Schale noch kurze Zeit über dem Drahtnetz auf etwa 280° und gieße hierauf den Inhalt in eine eiserne Stangenform oder auf eine Platte aus. — Dauer der Operation: 2 bis $2^1/_2$ Stunden.

Die Salpetersäure ist in einer Flasche mit Glasstopfen zu verwahren.

Ausbeute: *Bis 100 g Salpetersäure mit 95 bis 97 Proz. HNO_3,*
Der Gehalt an HNO_3 ist durch Titrieren zu ermitteln (siehe S. 81).

Eigenschaften u. Prüfung: An der Luft rauchende, schwach gelblich gefärbte Flüssigkeit, die bei 86° zu sieden beginnt. Erwärmt sich beim Mischen mit Wasser (Vorsicht!). Das Produkt soll frei von Schwefelsäure sein; es ist chlorfrei, wenn der Salpeter und die konz. Schwefelsäure chlorfrei waren.

5. Rote, rauchende Salpetersäure.

(**Nebenprodukt:** *Kaliumsulfat*, K_2SO_4.)

Roh- u. Hilfsstoffe: Kalisalpeter, konz. Schwefelsäure.

Die rote, rauchende Salpetersäure ist eine Lösung von NO_2 in Salpetersäure mit wenig Wasser ($2\,HNO_3 + 2\,NO_2 + H_2O$). Die Darstellung erfolgt durch Einwirkung von 1 Mol. konz. Schwefelsäure auf 2 Mol. Salpeter. Zunächst entsteht bei mäßigem Erhitzen des Gemisches neben Salpetersäure, Monokaliumsulfat, obgleich Salpeter im Überschuß vorhanden ist:

1) $$2\,KNO_3 + H_2SO_4 = HNO_3 + KHSO_4 + KNO_3.$$

[1] $KHSO_4$ schmilzt bei 210°.

Beim stärkeren Erhitzen setzt sich das Monosulfat mit dem noch unveränderten Salpeter um. Die freiwerdende Salpetersäure ist bei der gesteigerten Temperatur nicht mehr beständig, sie zerfällt (bei 256°) in NO_2, Sauerstoff und Wasser:

2) $$2\,KHSO_4 + 2\,KNO_3 = 2\,K_2SO_4 + 2\,HNO_3$$

3) $$2\,HNO_3 = 2\,NO_2 + H_2O + O.$$

Das NO_2 wird von der in der ersten Phase der Zersetzung entstandenen Salpetersäure gelöst.

Aufgabe: *Es sollen 100 g rote, rauchende Salpetersäure dargestellt werden.*

Apparat: wie bei Präparat 4.

Ausführung: Zunächst wie bei Präparat 4. Wenn sich der Inhalt der Retorte vollständig verflüssigt hat und das Niedertropfen der Salpetersäure in die Vorlage nachläßt, ist die erste Phase der Umsetzung nahezu beendet. Man ersetzt jetzt das Sandbad durch ein Drahtnetz und steigert die Hitze vorsichtig. Bald tritt ein vorübergehendes Schäumen des Retorteninhaltes ein, durch aufmerksames Regulieren der Flamme läßt sich jedoch ein Überschäumen leicht vermeiden. Die Dämpfe, welche den ganzen Apparat erfüllen, färben sich dunkler, zuletzt schwarzbraun. Ist der Inhalt der Retorte fest geworden, so erhitze etwas stärker, jedoch nicht so stark, daß größere Mengen der braunen Dämpfe zwischen dem Halse der Vorlage und der Retorte entweichen. — Dauer der Operation: Ungefähr 3 Stunden.

Nachdem der Apparat völlig erkaltet ist, gieße das Destillat in eine tarierte Flasche mit Glasstopfen.

Die **Ausbeute** *an roter, rauchender Salpetersäur beträgt 90 bis 95 g.*

Prüfung: Das Produkt soll frei von Schwefelsäure sein.

Nebenprodukt: *Kristallisiertes Kaliumsulfat,* K_2SO_4.

Das in der Retorte zurückgebliebene Kaliumsulfat löse in einer der Löslichkeit desselben in der Siedehitze entsprechenden Menge Wasser auf und gieße die kochende, klare Lösung in eine flache Porzellanschale. Beim Erkalten kristallisieren 60 bis 70 g Kaliumsulfat aus; durch Einengen der Mutterlauge erhält man leicht noch 40 bis 50 g Kristalle.

Eigenschaften: Rhombische Kristalle, wasserfrei. Löslich in 10 T. Wasser von 15°, in 4 T. Wasser von 100°. Schmelzpunkt 1050°.

6. Soda und Tonerde aus Kryolith.

(**Nebenprodukt:** *Fluorcalcium.*)

Roh- u. Hilfsstoffe: Feingemahlener Kryolith, gebrannter Marmor, Kohlensäure.

Ätzkalk entzieht bereits bei der Siedetemperatur des Wassers dem Kryolith das Fluor unter Bildung von Natriumaluminat und Fluorcalcium:

$$AlF_3, 3\,NaF + 3\,CaO = Al(ONa)_3 + 3\,CaF_2.$$

Leitet man in die Lösung des Natriumaluminats Kohlensäure, so entstehen Aluminiumhydroxyd (Tonerdehydrat) und Soda:

$$2\,Al(ONa)_3 + 3\,CO_2 + 3\,H_2O = 2\,Al(OH)_3 + 3\,Na_2CO_3.$$

Beim Erhitzen geht Aluminiumhydroxyd durch Wasserverlust in Aluminiumoxyd (Tonerde) über:

$$2\,Al(OH)_3 = Al_2O_3 = Al_2O_3 + 3\,H_2O.$$

Aufgabe: *100 g Kryolith sollen in Soda und Tonerde verwandelt werden.*

Ausführung: Den gebrannten Marmor[1] (ungefähr 5 Proz. mehr als der Gleichung entspricht), lösche mit der erforderlichen Menge Wasser in einer etwa 1 l fassenden Porzellanschale und rühre ihn mit 500 g Wasser zu Kalkmilch an. Hierauf schütte den aufs feinste gemahlenen Kryolith in die Kalkmilch und erwärme das Gemisch über einem Drahtnetz unter beständigem Umrühren zum Kochen. Das Kochen ist unter zeitweisem Ersatz des verdampfenden Wassers etwa 1 Stunde lang zu unterhalten, wobei sich der Inhalt der Schale mehr oder weniger verdickt, dem Verspritzen läßt sich durch fleißiges Umrühren vorbeugen. Die fortschreitende Umsetzung

[1] Der Kalk soll möglichst eisenfrei sein, daher wendet man am besten gebrannten Marmor an.

läßt sich am einfachsten durch Verreiben einer Probe zwischen den Fingern (die sandige Beschaffenheit verliert sich mehr und mehr), oder mit Hilfe des Mikroskops verfolgen. Nach beendeter Reaktion sind unregelmäßig begrenzte, scharfkantige Kryolithtrümmer nicht mehr erkennbar. Das Reaktionsgemisch wird mit etwa 500 ccm heißem Wasser verdünnt und zunächst koliert. Hierzu verwende einen mit Leinwand bespannten Holzrahmen (Tenakel),[1] der über einer Porzellanschale liegt (siehe Fig. 4). Der auf der Leinwand verbleibende Rückstand ist wiederholt mit wenig warmem Wasser auszuwaschen, indem man ihn mit dem Waschwasser gut durcheinander rührt. Auf diese Weise gelingt das Auswaschen bis zur schwach alkalischen Reaktion leicht unter Anwendung von $1^1/_2$ bis 2 l Wasser. Ist das Auswaschen beendet, so nimm das Kolatorium in geeigneter Weise vom Tenakel und winde es mit den Händen aus. Die trübe Kolatur ist durch ein Papierfilter zu klären.

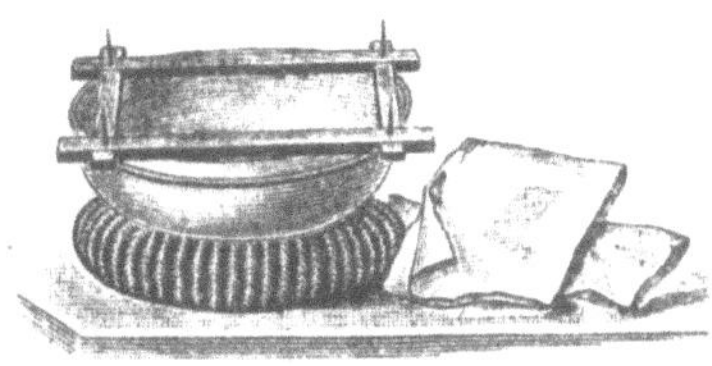

Fig. 4. Tenakel und Kolatorium.

Verfügt man über eine Wasserstrahlluftpumpe, so kann man das Lösliche vom Unlöslichen mittels einer Nutsche trennen (abnutschen). Die in den Laboratorien gebräuchliche Nutsche (siehe Fig. 5) besteht aus einem Porzellantrichter N

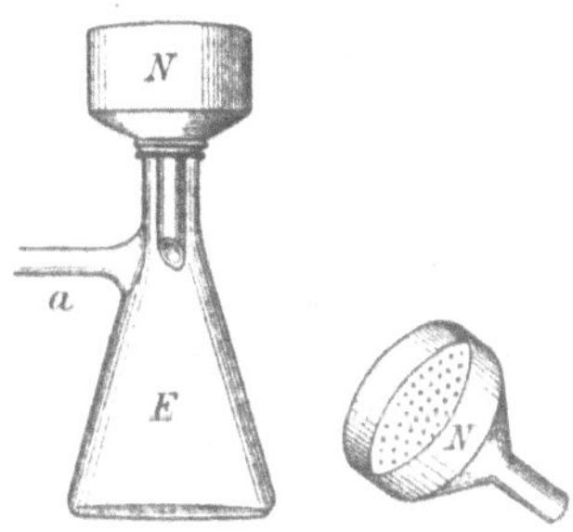

Fig. 5. Nutschapparat.

[1] Das seit alters her gebrauchte Tenakel ist ein quadratischer Rahmen von Holzstäben. Die Spitzen der Nägel, welche die Holzstäbe an den Kreuzungen zusammenhalten, ragen aus dem Holze so weit hervor, daß sich die Leinwand bequem durchstechen und an ihnen aufhängen läßt. Die über die Kreuzungen hinausgehenden Teile der Holzstäbe dienen zum Auflegen des Tenakels auf die Ränder einer Porzellanschale. Die mit Hilfe eines Tenakels von festen Stoffen getrennte Flüssigkeit nennt man Kolatur, das verwendete Zeugstück heißt Kolatorium, die Operation „kolieren". Die Kolatur ist in der Regel trüb und durch ein Papierfilter zu klären.

mit einem zylindrischen Ansatz. Wo dieser beginnt, ist der Trichter durch eine siebartig durchlöcherte Platte abgeschlossen, die beim Gebrauch mit einer Scheibe Filtrierpapier bedeckt wird. Man hängt die Nutsche in einen Erlenmeyerschen Stehkolben *E*, dessen Ansatz *a* mit der Luftpumpe verbunden wird und bewirkt den luftdichten Verschluß am besten mit einer durchbohrten Gummiplatte, die man über den Hals der Nutsche schiebt.

Der Rückstand, welcher vorzugsweise aus Calciumfluorid besteht und den überschüssig zugesetzten Kalk (bzw. kohlensauren Kalk) enthält, ist zu trocknen und für das Präparat 17 (S. 43) aufzubewahren. In die klare Lösung leite Kohlensäure durch ein weites Glasrohr ein, bis die Tonerde vollständig ausgefällt ist. Zunächst entsteht kein Niederschlag, erst nachdem die Sodabildung:

$$Al(ONa)_3 + CO_2 = AlOONa + Na_2CO_3$$

weiter fortschreitet, fällt Aluminiumhydroxyd aus. Dasselbe wird wie das Fluorcalcium mit Hilfe eines Leinwandstückes koliert oder abgenutscht, ausgewaschen und hierauf getrocknet. Dampft man das klare Filtrat[1] bis auf etwa 200 g ein, so kristallisieren in der Regel 120 bis 150 g Soda aus.

Die **Ausbeute** *an Tonerde beträgt nahezu 95 Proz. der Theorie.*

Eigenschaften u. Prüfung der Soda (Na_2CO_3, *10 aq*): Monokline Kristalle, die schon bei 32° schmelzen, an der Luft verwittern und bei fortgesetztem Erhitzen alles Kristallwasser verlieren (entwässerte oder kalzinierte Soda). Das Produkt soll frei von Kalk und Tonerde sein. Die Art der Darstellung schließt die übliche Verunreinigung der Leblanc- und Ammoniaksoda (Chlor, Schwefelsäure, Ammoniak) aus.

Die reine Soda ist zur Einstellung der Normalschwefelsäure in der Maßanalyse (S. 77) zu verwenden.

[1] Ist dasselbe, wenn es mit dem Holze des Tenakels in Berührung kam, gelblich gefärbt, so kann es durch Kochen mit Tierkohle leicht entfärbt werden.

7. Alaun.

$AlK(SO_4)_2$, *12 aq.*

(Zwischenprodukt: *Aluminiumsulfat.*)

Roh- u. Hilfsstoffe: Tonerde, Kaliumsulfat,[1] konz. Schwefelsäure.

Die Darstellung des Alauns (Kaliumaluminiumsulfat) erfolgt nach der Gleichung:

$$2\,Al(OH)_3 + 3\,H_2SO_4 + K_2SO_4 + 18\,H_2O = 2\,[AlK(SO_4)_2,\ 12\,aq].$$

Aufgabe: *Verwandle das bei Präparat 6 erhaltene Tonerdehydrat*[2] *in Alaun. Verwende hierbei jedoch nur so viel Wasser, daß beim Erkalten der Alaunlösung auf 20° das Auskristallisieren der Hälfte des Produktes zu erwarten ist.*

Ausführung: Die zur Umwandlung der Tonerde in Aluminiumsulfat erforderliche Menge konz. Schwefelsäure verdünne mit der doppelten Gewichtsmenge Wasser. Löse die Tonerde unter Erwärmen auf und filtriere die Lösung durch einen Heißwassertrichter.

Beim Erkalten erstarrt die Lösung zu einem aus perlmutterglänzenden Blättchen bestehenden Kristallbrei von Aluminiumsulfat $Al_2(SO_4)_3$, *18 aq.*

Nachdem das Aluminiumsulfat durch Erwärmen wieder in Lösung gebracht worden ist, vereinige dieselbe mit der erwärmten Lösung der erforderlichen Menge Kaliumsulfat in so viel Wasser, als der Aufgabe entspricht.

Eigenschaften: Farblose, durchsichtige Oktaeder, in der Regel mit Würfelflächen; löslich in 7 T. Wasser von 20°.

---

[1] Bei der Darstellung von Präparat 5 als Nebenprodukt gewonnen.

[2] Dasselbe entspricht in der Regel nicht der Formel $Al(OH)_3$, sondern enthält, je nach der Art des Trocknens, mehr oder weniger Wasser: $Al_2O_3 + x\,H_2O$. Ermittle in einer abgewogenen Durchschnittsprobe x durch Glühen im Platintiegel.

8. Silbernitrat aus einer Münze.

(**Zwischenprodukt:** *Feinsilber*; **Nebenprodukt:** *Kupfer.*)

Hilfsstoffe: Salpetersäure, Salzsäure, Soda usw.

Aufgabe: *Zerlege ein Markstück in: Silber, Kupfer (und Gold) und verwandle das Silber in Silbernitrat.*

Ausführung: Übergieße das Markstück[1] mit chlorfreier Salpetersäure vom spez. Gew. 1,20 bis 1,25, verwende dazu nur wenig mehr Salpetersäure, als der Formel:

1) $$2Ag + 4HNO_3 = 3AgNO_3 + 2H_2O + NO$$

entspricht und erwärme. Einige kleine, schwarze Flöckchen (Gold) bleiben ungelöst. Bringe dieselben auf ein kleines Filterchen und fälle aus dem blauen Filtrat das Silber durch Salzsäure. Nach dem Abfiltrieren wasche das Chlorsilber so lange aus, bis das Waschwasser keine Kupferreaktion mehr gibt. Das trockene Chlorsilber verreibe im Mörser mit ungefähr der doppelten Menge kalzinierter Soda, bringe das Gemisch in die Höhlung eines Stückes Holzkohle[2] *A* (Fig. 6) und erhitze es mit der Flamme eines Gasgebläses. Um die Hitze besser zusammenzuhalten, lege ein zweites Stück Holzkohle *B*, das vorn etwas abgeschrägt ist, auf *A*, wie es Fig. 6 zeigt.

Fig. 6. Reduktion des Chlorsilbers.

2) $$2AgCl + Na_2CO_3 = 2Ag + 2NaCl + CO_2 + O.$$

Die einzelnen Silbertröpfchen fließen zusammen, das entstandene Chlornatrium und die überschüssige Soda werden von der Kohle aufgesaugt. Das geschmolzene Silber absorbiert Sauerstoff, der im Moment des Erstarrens entweicht (Spratzen

[1] Nach den deutschen Reichmünzgesetzen vom 4. Dez. 1871 und 9. Juli 1873 soll ein Markstück 5,55 g wiegen und 90,0 Proz. Silber und 10,0 Proz. Kupfer enthalten.

[2] Die weniger poröse, gepreßte Holzkohle, wie sie z. B. von Wallachs Nachf. in Hanau in den Handel gebracht wird, ist hierzu besonders geeignet.

des Silbers); die Oberfläche des erstarrten Regulus erscheint daher rauh.

Ausbeute: *Aus 5,4 g Münze wurde auf diese Weise ein kleiner Feinsilberklumpen von 4,79 g (statt: 4,86 g) erhalten.*

Zur Darstellung des Silbernitrats ist das Feinsilber von neuem in Salpetersäure zu lösen. Die Lösung dampfe zunächst in einer Porzellanschale auf dem Wasserbade ein, dann führe den Rückstand in einen kleinen Porzellantiegel über und entferne die letzte Spur Feuchtigkeit im Trockenschrank. Hierauf bringe das Silbernitrat durch vorsichtiges Erhitzen mit der Flamme eines Bunsenbrenners zum Schmelzen und gieße es unmittelbar, nachdem es geschmolzen ist, auf einen Porzellanscherben aus.

Zur Gewinnung des Kupfers dampfe das Filtrat vom Chlorsilberniederschlag auf dem Wasserbade zur Trockne, löse

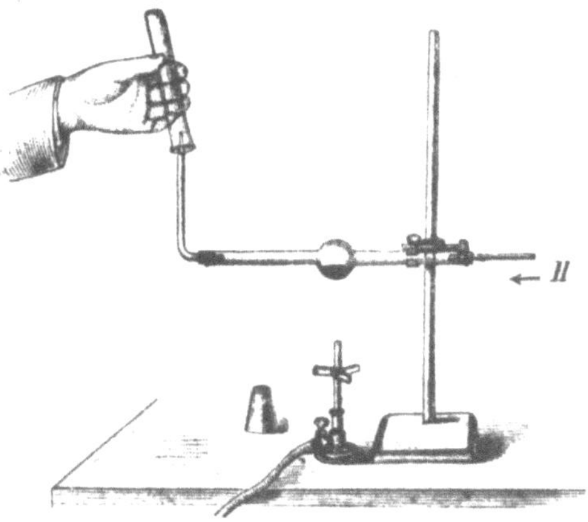

Fig. 7. Reduktion des Kupferoxyduls.

den Rückstand in wenig Wasser und scheide durch Zusatz von salzsaurem Hydroxylamin (oder einem andern Reduktionsmittel und Natronlauge, das Kupfer als Oxydul ab:

3) $$\begin{cases} 4\,CuCl_2 + 2\,HONH_2 \cdot HCl + 10\,NaOH \\ \qquad = 2\,Cu_2O + N_2O + 10\,NaCl + 9\,H_2O. \end{cases}$$

Das gut ausgewaschene und getrocknete Kupferoxydul bringe in eine Kugelröhre von schwer schmelzbarem Glase, verbinde dieselbe mit einem Wasserstoffapparat. Prüfe zunächst, ob die Luft vollständig aus der Röhre verdrängt ist, wie Fig. 7 es zeigt. Erst wenn das im Probierglas sich ansammelnde Gas, ohne zu verpuffen, verbrennt, entzünde den aus der Spitze der Glasröhre austretenden Wasserstoff und erhitze alsdann die Kugel mit einer Flamme.

Zum Nachweis des Goldes verasche das Filterchen mit dem beim Lösen der Münze in Salpetersäure zurückgebliebenen schwarzen Rückstand, übergieße die Asche mit etwas Königswasser und verdampfe die Lösung auf dem Wasserbade zur Trockne. Hierauf löse den Rückstand in wenigen Tropfen verdünnter Salzsäure, filtriere und versetze das Filtrat mit einer Spur Zinnchlorür- oder Eisenvitriollösung.

9. Flüssiges Schwefeldioxyd.

(**Nebenprodukte:** *Eisenvitriol, Kupfervitriol.*)

Roh- u. Hilfsstoffe: Konz. Schwefelsäure, Kupfervitriol, entfettete Eisenfeile;[1] Viehsalz, Eis, Schwefelkohlenstoff.

Aufgabe: *Es sollen 100 g Schwefeldioxyd durch Einwirkung von konz. Schwefelsäure auf Kupfer, das durch metallisches Eisen aus einer Lösung von Kupfervitriol abgeschieden wurde, dargestellt und durch Abkühlung verdichtet werden.*

A. Abscheidung des Kupfers aus Kupfervitriol.

(**Nebenprodukt:** *Eisenvitriol.*)

Die Abscheidung des Kupfers erfolgt nach der Gleichung:

1) $$CuSO_4 + Fe = FeSO_4 + Cu.$$

[1] Zur Entfettung überschichte die trockene Eisenfeile in einem Kölbchen mit Schwefelkohlenstoff, schüttele nach dem Zukorken des Kölbchens kräftig um und gieße nach dem Absitzen des Eisens den Schwefelkohlenstoff ab. Bringe das Eisen auf ein Filter, wasche mit Schwefelkohlenstoff aus und laß das Eisen an der Luft trocknen. Der Schwefelkohlenstoff ist durch Abdestillieren auf dem Wasserbade wiederzugewinnen (vgl. Fig. 20, S. 54). Beim Arbeiten mit Schwefelkohlenstoff (Siedepunkt: 46°) Vorsicht!

Ausführung: Die Menge des darzustellenden Kupfers ergibt sich aus der Aufgabe unter Berücksichtigung der Gleichung 2 (S. 22). Die entsprechende Menge kristallisierten Kupfervitriols ($CuSO_4$, *5 aq*) löse in einem Glaskolben von ungefähr 2 l Inhalt in so viel Wasser (das zuvor zum Kochen erhitzt wurde), als der Löslichkeit des Kupfervitriols bei 80° entspricht. Von der entfetteten trockenen Eisenfeile wäge 10 Prozent mehr ab, als die Theorie verlangt, weil die Eisenfeile in der Regel nicht oxydfrei ist, sowie durch Beimengungen verunreinigt sein kann. Nachdem sich der Kupfervitriol vollständig gelöst hat, trage in die 70° bis 80° warme Lösung das Eisen portionsweise unter Umschütteln vorsichtig ein. Der Inhalt des Kolbens erhitzt sich hierbei bis zum Sieden. Wenn die Reaktion nachgelassen hat, und die Flüssigkeit noch blau gefärbt sein sollte, füge noch kleine Mengen Eisenfeile portionsweise hinzu, bis sich die Klinge eines in die Lösung getauchten Taschenmessers nicht mehr mit Kupfer überzieht. Nun filtriere mit Hilfe eines Heißwassertrichters in eine Porzellanschale die noch heiße Lösung von dem, zum größten Teil auf dem Boden der Schale liegenden Kupfer ab und dekantiere mit etwa 100 ccm kochendem Wasser. Wenn nichts mehr von dem Trichter abtropft, nimm das Filter von dem Trichter und spritze das darauf befindliche Kupfer mit der Spritzflasche zu dem im Glaskolben verbliebenen Kupfer. — Dauer der Operation: 1 bis 1½ Stunde.

Um dem Kupfer das noch beigemengte Eisen zu entziehen, behandele es mit verdünnter Schwefelsäure auf dem Wasserbade. Zum Abfiltrieren und Auswaschen des Kupfers bedient man sich zweckmäßig eines Sandfilters, das man sich leicht herstellen kann, indem man eine gestielte Glaskugel[1] in einen Trichter legt und über dieselbe etwa 2 cm hoch Quarzsand schichtet (Fig. 8). Solange die Flüssigkeit deutlich grün gefärbt abläuft, fange

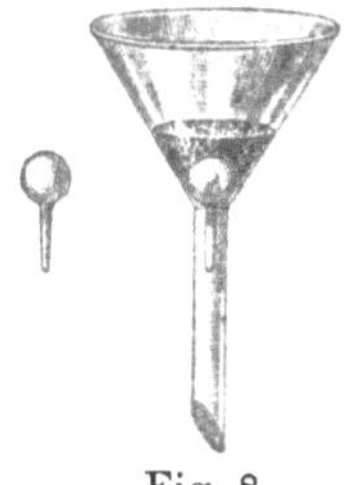

Fig. 8. Sandfilter.

[1] Wie man sie erhält, wenn man eine Glasröhre an dem einen Ende zur Kugel aufbläst und hierauf an dem anderen Ende abschmilzt.

sie gesondert auf und setze dann das Auswaschen fort, bis das Waschwasser nicht mehr sauer reagiert.

Das Kupfer breite auf Fließpapier aus und lasse es an der Luft trocknen; nach dem Trocknen erscheint es als ein rotbraunes Pulver, welches beim Zusammendrücken in einem Achatmörser Metallglanz annimmt.

Ausbeute *an Kupfer: der Theorie entsprechend.*

Nebenprodukt: *Eisenvitriol,* $FeSO_4$, *7 aq.*

Aus der vom Kupfer durch den Heißwassertrichter abfiltrierten Lösung kristallisieren beim Erkalten ungefähr 200 g Eisenvitriol aus. Man gießt die Mutterlauge ab und läßt die Kristalle auf einem Trichter abtropfen. Mutterlauge und das grüngefärbte Waschwasser werden vereinigt und auf dem Wasserbade eingeengt; man erhält hierbei noch ungefähr 200 g Kristalle.

Ausbeute: *90 bis 95 Proz. der Theorie.*

B. Darstellung und Verdichtung des Schwefeldioxyds.

(**Nebenprodukt:** *Kupfervitriol.*)

Konzentrierte Schwefelsäure wirkt auf Kupfer in der Hitze vorwiegend nach folgender Gleichung ein:

2) $$2H_2SO_4 + Cu = SO_2 + CuSO_4 + 2H_2O.$$

Der Siedepunkt des Schwefeldioxyds liegt unter gewöhnlichem Druck bei -8^0. Durch Abkühlung unter diese Temperatur verdichtet sich das Schwefeldioxyd zu einer farblosen Flüssigkeit. Durch Zusammenmischen von Kochsalz und Eis oder Schnee läßt sich eine Temperaturerniedrigung bis -21^0 C erzielen.

Sollen Gase verdichtet werden, so müssen sie rein und trocken sein. Man trocknet in der Regel mit konz. Schwefelsäure, sofern die Gase einen sauren Charakter haben und nicht reduzierend auf dieselbe einwirken. — Bei sehr lebhafter Entwickelung des Schwefeldioxyds kann es sich ereignen, daß etwas Schwefelsäure in Nebelform mit fortgerissen wird; um dieselbe zurückzuhalten, leitet man den Gasstrom über Kaliumsulfat:

$$K_2SO_4 + H_2SO_4 = 2KHSO_4.$$

Apparat: Siehe Fig. 9. Der Entwickelungskolben *A* und die Waschflasche *B* sind in derselben Art und Weise wie bei Präparat 1 (Fig. 1) anzuordnen. Aus der Waschflasche gelangen die Gase zunächst in die mit Kristallen von Kaliumsulfat gefüllte Röhre *g* und von hier in die

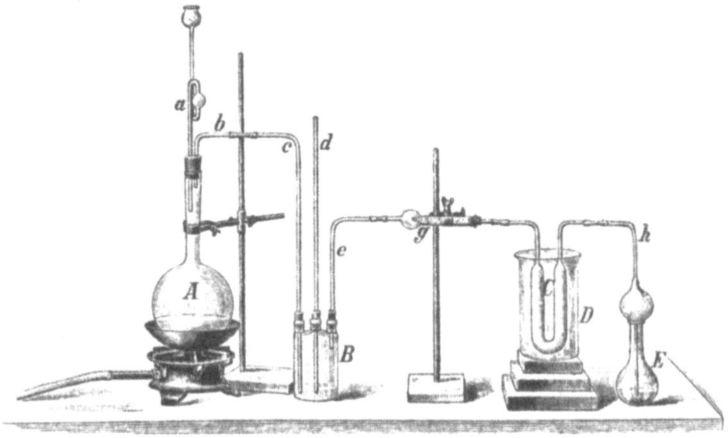

Fig. 9. Darstellung von flüssigem Schwefeldioxyd.

U-förmig gebogene Röhre *C*, welche dazu bestimmt ist, das verflüssigte Schwefeldioxyd aufzunehmen. Die U-Röhre steht in dem zur Aufnahme der Kältemischung bestimmten irdenen Topfe *D* und ist mit der Kugelröhre *h* verbunden, welche das nicht verdichtete Dioxyd in ein teilweise mit Wasser gefülltes Stehkölbchen leitet, wo es vom Wasser absorbiert wird.[1]

Die Röhre *g* hat die übliche Form und Größe der Chlorcalciumröhren. Zum Füllen derselben kann das bei Präparat 5 als Nebenprodukt gewonnene Kaliumsulfat nach dem Sieben dienen (vgl. S. 9).

Die Schenkel der U-Röhre *C* sind ungefähr 25 cm lang und 15 bis 18 mm weit; beide Enden derselben sind ausgezogen und rechtwinklig umgebogen.

Die Kugelröhre *h* ruht auf dem Halse des Kölbchens *E*. Die Länge des unterhalb der Kugel befindlichen Rohrstückes ist so zu be-

[1] Über die maßanalytische Bestimmung des Schwefeldioxyds siehe Näheres S. 91.

messen, daß dasselbe, nachdem in das Kölbchen 100 bis 150 ccm Wasser gebracht sind, gerade eintaucht.

Fig. 10 zeigt, in einem Glaszylinder stehend, die zur Aufnahme des verflüssigten Schwefeldioxyds vorbereitete Einschlußröhre. Dieselbe wird aus einer etwa 40 cm langen, dickwandigen Glasröhre hergestellt, indem man das eine Ende zuschmilzt und dann unweit des anderen Endes die Röhre zu einer dickwandigen Kapillare auszieht.

Fig. 10.

Ausführung: Ist der Apparat auf den luftdichten Verschluß seiner einzelnen Teile geprüft, dann bringe in den Entwickelungskolben das Kupfer, in die Waschflasche so viel konz. Schwefelsäure, daß das Zuleitungsrohr etwa 2 cm eintaucht, und in den irdenen Topf um die U-Röhre herum schichtenweise zerstoßenes Eis (3 Teile) und Viehsalz (1 Teil).[1] Hierauf gieße auf das Kupfer 700 g Schwefelsäure,[2] schwenke den Kolben um und zünde die Flamme unter dem Sandbade an. Sobald sich in dem Entwickelungskolben durch Aufsteigen von Gasblasen die Einwirkung der Schwefelsäure auf das Kupfer zu erkennen gibt, lösche die Flamme aus. Die Reaktionswärme veranlaßt in der Regel von selbst eine lebhafte Gasentwickelung. Die durch den Gasstrom verdrängte Luft entweicht durch die Kugelröhre, mitgeführtes Schwefeldioxyd wird von dem Wasser des Kölbchens absorbiert; nach einiger Zeit hört das Austreten von Luftblasen auf.

Erst wenn die Geschwindigkeit, mit welcher die Gasblasen die Waschflasche passieren, nachgelassen hat, zünde die Flamme unter dem Sandbade wieder an und reguliere sie so, daß ohne zu starkes Schäumen des Kolbeninhaltes eine lebhafte Gasentwickelung unterhalten bleibt. In dem Maße, in welchem sich das verflüssigte Dioxyd in der U-Röhre ansammelt, steigt im Apparate der Druck. Man tut gut, etwas Quecksilber (ungefähr 20 g) bereit zu halten, um dasselbe, wenn die Höhe des

[1] Die Menge richtet sich nach der Größe des Topfes: auf 1 l Inhalt sind 700 g Eis und 230 g Salz erforderlich. Hat der Topf eine Größe von 3 bis 4 l, so reicht eine einmalige Beschickung desselben mit Kältemischung für die Dauer der Operation aus.

[2] Es ist dies etwas mehr als das Doppelte der theoretisch erforderlichen Menge. Warum ist ein Überschuß von Schwefelsäure nötig?

Sicherheitstrichters nicht mehr genügen sollte, dem gesteigerten Druck das Gleichgewicht zu halten, in den Trichter zu gießen.

Gegen Ende der Operation bedeckt sich der obere Teil des Kolbens mit einem gelblichen Hauch von Schwefel,[1] der allmählich zunimmt; auch in die Waschflasche gelangt etwas Schwefel, jedoch in der Regel, ohne daß eine Verstopfung der Verbindungsröhren eintritt. Man unterbricht die Operation, wenn die Verbindungsröhren und der Inhalt der Waschflasche heiß werden. — Dauer der Operation: $2^1/_2$ bis 3 Stunden.

Die zur Aufbewahrung des Schwefeldioxyds bestimmte tarierte Röhre umgib in einem hohen Glaszylinder mit Kältemischung. Dann fülle (unter einem Abzug) das Produkt aus der **U**-Röhre vorsichtig über und schmelze nun die Einschlußröhre an der ausgezogenen Stelle vor dem Gebläse oder mit dem Lötrohr zu.

Die Ausbeute *beträgt in der Regel nicht über 50 Proz.; sie wird beeinträchtigt durch die anfangs unvollständige Verdichtung, durch Nebenreaktionen und endlich durch nicht unbeträchtliche Verluste beim Überfüllen.*

Eigenschaften: Farblose Flüssigkeit, die bei -8^0 (Pierre) siedet und bei -76^0 (Faraday) erstarrt; ihre Spannkraft in geschlossenen Gefäßen beträgt 1,7 Atm. bei 0^0, 2,3 Atm. bei 10^0, 3,3 Atm. bei 20^0 usw.

Nebenprodukt: *Kupfervitriol*, $CuSO_4$, *5 aq*.

Zu dem Inhalt des Entwickelungskolbens füge (vorsichtig!) ungefähr 750 ccm Wasser,[2] koche das Gemisch auf und filtriere die blaue Lösung von dem unlöslich gebliebenen schwarzen Körper in eine Porzellanschale ab. Beim Erkalten kristallisiert der größte Teil des Kupfervitriols (ungefähr 300 g) aus. Den auf dem Filter verbliebenen Rückstand wasche mit

---

[1] Es tritt etwas Schwefelwasserstoff auf, der sich mit dem Schwefeldioxyd zu Schwefel umsetzt:

$$2H_2S + SO_2 = 3S + 2H_2O.$$

[2] Es ist dies erheblich mehr, als der Löslichkeit des Kupfervitriols in heißem Wasser entspricht; die Löslichkeit wird durch die Gegenwart überschüssiger Schwefelsäure wesentlich beeinträchtigt.

Wasser aus, bis das Waschwasser nicht mehr sauer reagiert. Solange das Filtrat blaugefärbt abläuft, fange es gesondert auf, vereinige es mit der Mutterlauge von dem auskristallisierten Kupfervitriol und dampfe auf dem Wasserbade zur Kristallisation ein; hierbei werden noch 50 bis 60 g Kristalle erhalten.

Ausbeute: *Nahezu 90 Proz. des ursprünglich verwendeten Kupfervitriols.*

Von dem schwarzen Körper entstehen bis 10 g; seine Zusammensetzung ist durch qualitative Analyse festzustellen und seine Entstehung zu erklären.

Eigenschaften: Blaue, trikline Kristalle. Das Produkt soll nicht eisenhaltig sein.

10. Mohrsches Salz.

$Fe(NH_4)_2(SO_4)_2$, *6 aq.*

Roh- u. Hilfsstoffe: Metallisches Eisen (Blumendraht), konz. Schwefelsäure, Ammoniak, 1 Tropfen Platinchlorid.

Aufgabe: *Verwandle 28 g Eisen in Mohrsches Salz (Ferroammoniumsulfat) und zwar derart, daß nach Beendigung der Reaktion ohne weiteres Eindampfen der Lösung beim Erkalten das Auskristallisieren von 100 g des Salzes zu erwarten ist.*

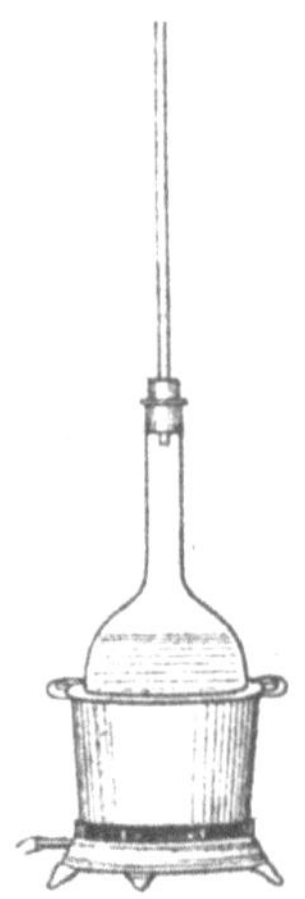

Fig. 11. Darstellung von Mohrschem Salz.

Ausführung: Bringe das Eisen in einen Literkolben, übergieße es mit der $3^1/_2$ fachen Menge Wasser und füge die der Gleichung:

$$Fe + 2H_2SO_4 = FeSO_4 + H_2SO_4 + 2H$$

entsprechende Menge konz. Schwefelsäure (vorsichtig!) hinzu. Die Mischung erwärmt sich; immerhin findet nur eine geringe Reaktion statt. Gib einen Tropfen Platinchlorid hinzu. Sofort beginnt eine lebhafte Gasentwickelung.[1] Verschließe den Kolben

[1] Infolge der Kontaktwirkung des abgeschiedenen Platins

$$H_2PtCl_6 + 3Fe = Pt + 3FeCl_2 + 2H.$$

durch einen Stopfen, in dessen Bohrung sich ein etwa 50 cm langes Glasrohr befindet (Fig. 11), und stelle den Kolben auf ein siedendes Wasserbad.

Nach Verlauf von etwa $^1/_2$ Stunde ist das Eisen gelöst, filtriere mittels eines Faltenfilters vom Kohlenstoff in eine Porzellanschale und versetze die heiße Lösung mit der berechneten Menge 20- bis 25prozentigen Ammoniaks:

$$FeSO_4 + H_2SO_4 + 2NH_3 = Fe(NH_4)_2(SO_4)_2.$$

Beim Erkalten scheidet sich das Doppelsalz mit $6aq$ in blaßgrünen, luftbeständigen, monoklinen Kristallen aus. Es löst sich bei 15° in 3,7, bei 75° in 1,3 Teilen Wasser.

Zur Verwendung in der Maßanalyse (S. 84) ist das Produkt nochmals aus heißem Wasser umzukristallisieren.

11. Eisenammoniakalaun.

$FeNH_4(SO_4)_2, 12aq.$

Roh- u. Hilfsstoffe: Eisenvitriol, Ammoniak, konz. Schwefelsäure, Salpetersäure.

Die Bildung des Eisenammoniakalauns (Ferriammoniumsulfat) erfolgt nach der Gleichung:

$$6FeSO_4, 7aq + 6H_2SO_4 + 6NH_3 + 2HNO_3 + 26H_2O$$
$$= 6[FeNH_4(SO_4)_2, 12aq] + 2NO.$$

Aufgabe: *Es sollen 500 g Eisenammoniakalaun hergestellt werden und zwar derart, daß nach Beendigung der Reaktion, ohne weiteres Eindampfen der Lösung beim Erkalten, das Auskristallisieren von $^2/_3$ des Produktes zu erwarten ist.*

Ausführung: Verwende den bei Präparat 9 als Nebenprodukt erhaltenen Eisenvitriol, Salpetersäure vom spez. Gew. 1,30 bis 1,40, Ammoniak vom spez. Gew. 0,90 bis 0,95 und konz. Schwefelsäure. Berechne zunächst die erforderlichen Mengen der einzelnen Materialien und das in denselben enthaltene Wasser; unter Berücksichtigung der Löslichkeit des Alauns ergibt sich dann die gemäß der Aufgabe noch disponible Wassermenge.

In einen Rundkolben von ungefähr 2 l Inhalt gib den Eisenvitriol, die disponible Wassermenge und dann (vorsichtig!) die konz. Schwefelsäure. Hierauf stelle den Kolben unter einen gutziehenden Abzug auf ein Wasserbad, hänge in den Hals einen Trichter und füge in kleinen Portionen die Salpetersäure hinzu. Schon nach Zusatz der ersten Tropfen färbt sich die Flüssigkeit braunschwarz, darüber erfüllen bald braune Dämpfe den Kolben. Bei Zugabe der letzten Anteile der Salpetersäure erfolgt lebhafte Gasentwickelung (Vorsicht!). Nun erhitze über einem Drahtnetz zum Sieden, entferne den Trichter aus dem Kolbenhals und koche, bis keine gefärbten Gase mehr entweichen und den Kolben erfüllen.

Nimm mit einem Kapillarfaden eine Probe und prüfe dieselbe nach dem Verdünnen mit einigen Tropfen Wasser auf Eisenoxydul. Ist die Oxydation vollendet, so gieße den Inhalt des Kolbens in eine Porzellanschale und setze unter Umrühren das Ammoniak hinzu. Hierbei darf sich kein bleibender Niederschlag bilden, die klare Lösung soll eine grünlichbraune Färbung haben. — Dauer der Operation: 1 bis $1^1/_2$ Stunde.

Ausbeute: *In der Regel erhält man beim Erkalten der Lösung 200 bis 250 g Eisenammoniakalaun in schönen Kristallen; durch Einengen der Mutterlauge lassen sich leicht noch weitere 100 g Kristalle erhalten.*

Eigenschaften: Blaßviolette, durchsichtige Oktaeder, löslich in 3 Teilen Wasser von 15° C.

12. Kaliumnitrit.

(**Nebenprodukt:** *Bleioxyd.*)

Roh- u. Hilfsstoffe: Salpeter, Blei.

In geschmolzenem Zustande wirken Salpeter und Blei nach folgender Gleichung aufeinander ein:

$$KNO_3 + Pb = KNO_2 + PbO.$$

Die Reaktion geht bei einer Temperatur vor sich, die etwas höher liegt, als der Schmelzpunkt des Bleis (326° C) und der Schmelzpunkt des Salpeters (336° C). Derartig hohe

Temperaturen lassen sich ohne besondere Vorkehrungen, zumal wenn sie durch die Reaktionswärme beeinflußt werden, nicht innerhalb weniger Grade regulieren. Wird Salpeter, nachdem er geschmolzen ist, für sich weiter erhitzt, so zerfällt er zum Teil in Sauerstoff und Kaliumnitrit, welches bei gesteigerter Hitze allmählich in Sauerstoff, Stickstoff und Ätzkali gespalten wird. Beide Nebenreaktionen lassen sich bei der Darstellung von Kaliumnitrit nicht ganz vermeiden. Außerdem entzieht sich leicht ein Teil des Salpeters der Einwirkung des Bleis. Aus diesen Gründen ist es vorteilhafter, etwas weniger Blei anzuwenden, als der Formel entspricht.

Aufgabe: *250 g Salpeter sollen in der angegebenen Weise zu Kaliumnitrit verarbeitet werden.*[1]

Apparat: Zur Erzielung der erforderlichen Temperatur ist ein größerer Gasofen nach Rössler, Müncke, Perrot, oder eine Vorrichtung für Holzkohlenfeuerung erforderlich.[2] Das Erhitzen des Salpeters und Bleis geschieht am besten in einer runden, flachen, eisernen Pfanne mit langem Stiel (von etwa 30 cm Durchmesser). Zum Umrühren der Schmelze ist ein langer eiserner Spatel mit Holzgriff erforderlich.

Fig. 12. Tragbarer Ofen für Holzkohlenfeuer.

Ausführung: Nachdem der Salpeter in der flachen, eisernen Pfanne über dem Gasofen oder dem Kohlenfeuer zum Schmelzen gebracht worden ist, gib 50 bis 60 g Blei zu demselben und rühre über dem Feuer mit einem eisernen Spatel beides durcheinander, bis das Blei oxydiert ist. Die Hitze ist hierbei so zu regulieren, daß nur eine geringe Gasentwickelung, die nicht ganz zu vermeiden ist, eintritt. Den Rest des Bleis trage unter beständigem Umrühren in Portionen

[1] Für 250 g Salpeter sind 400 g Blei ausreichend.

[2] Es genügt z. B. ein tragbares Öfchen aus starkem Eisenblech, innen mit Schamottesteinen ausgekleidet, von 0,4 m Höhe und einem quadratischen Querschnitt von 0,3 m², wie ihn Fig. 12 zeigt.

von ungefähr 50 g in die Schmelze ein, den erneuten Zusatz immer erst bewirkend, wenn keine größeren Bleitropfen mehr sichtbar sind. Die Schmelze verdickt sich in dem Maße, in dem sich das Bleioxyd vermehrt. Gegen Ende der Operation steigere die Hitze vorsichtig so weit, daß der Boden der Pfanne nur ganz schwach rotglühend wird. Innerhalb der breiigen Masse beobachtet man oft ein Erglühen. Wenn alles Blei (400 g) eingetragen und völlig oxydiert ist, nimm die Pfanne vom Feuer, unterbrich das Rühren aber nicht, sondern fahre damit fort, bis die Schmelze zu klumpigen Stücken, die sich leicht aus der Pfanne entfernen lassen, erstarrt ist. — Dauer der Operation: etwa 1 Stunde.

Nach dem Erkalten bringe die Schmelze in ein starkwandiges Standglas und übergieße sie mit etwa 250 g Wasser, das zuvor zur Reinigung der Pfanne gedient hatte. Wenn die Klumpen zerfallen sind, gieße die Lösung von dem schweren Bodensatz in ein Becherglas ab, rühre den Bodensatz im Standglase mit ungefähr 100 ccm warmem Wasser auf, dekantiere und wiederhole diese Operation mit je 100 ccm Wasser noch 10 bis 12 mal. Dann bringe das vom unveränderten Blei abgeschlämmte Bleioxyd auf ein Filter und wasche es aus.

Die durch Vereinigung der Auszüge erhaltene Lösung beträgt etwa 1,5 l und reagiert alkalisch. Nach tropfenweisem Neutralisieren mit verdünnter Schwefelsäure filtriere und dampfe die klare Lösung auf dem Wasserbade ein, bis ihr Gewicht ungefähr 300 g beträgt. Beim Erkalten kristallisiert der größte Teil des unveränderten Salpeters (50 bis 70 g aus, während das Kaliumnitrit in Lösung bleibt. Die von den Kristallen getrennte Lösung wird in einer dünnwandigen Porzellanschale zunächst über einem Sandbade unter beständigem Umrühren zur Trockne gedampft,[1] hierauf über freiem Feuer geschmolzen und in eine Stangenform oder auf einen Porzellanteller gegossen. Das Produkt ist unmittelbar nach dem Erkalten in einer Büchse mit gutschließendem Stopfen zu verwahren.

[1] Hierbei sind die Augen zu schützen, da ein vorübergehendes Spritzen der Masse stattfindet.

Ausbeute *1. an Kaliumnitrit: 95 bis 97 Proz. der dem verbrauchten Salpeter entsprechenden theoretischen Ausbeute;*

2. an Bleioxyd: der Theorie nahezu entsprechend.

Prüfung des Kaliumnitrits: Das Produkt enthält stets noch etwas Salpeter;[1] es soll bleifrei sein.

Die Bestimmung des Gehaltes an Kaliumnitrit erfolgt durch Titrieren mit Kaliumpermanganat in hinreichend verdünnter Lösung:

$$10KNO_2 + 4KMnO_4 + 11H_2SO_4 = 10HNO_3 + 7K_2SO_4 + 4MnSO_4 + 6H_2O.$$

Weiteres siehe S. 86.

13. Phosphorsäure.

(*Orthophosphorsäure.*)

H_3PO_4.

Roh- u. Hilfsstoffe: Roter (amorpher) Phosphor, Salpetersäure vom spez. Gew. 1,21 bis 1,24. (Alkohol und Äther.)

Phosphor, sowohl gelber wie roter, wird durch hinreichende Einwirkung von Salpetersäure zu Phosphorsäure oxydiert. Wenn die Salpetersäure stärker ist, als dem spez. Gew. 1,24 entspricht, geht die Reaktion oft sehr stürmisch vor sich. Gelber Phosphor wird hierbei leicht aus der Flüssigkeit herausgeschleudert und entzündet sich dann.

Ist die Salpetersäure schwächer, so vollzieht sich die Oxydation nur langsam. Der rote Phosphor läßt sich, da er nicht schmilzt, der Salpetersäure eine größere Angriffsfläche bietet und sich bei der Siedetemperatur der Salpetersäure nicht entzündet, rascher und gefahrlos in Phosphorsäure überführen. Der Vorgang kommt annähernd in der Gleichung:

1) $3P + 5HNO_3 + 2H_2O = 3H_3PO_4 + 5NO$

zum Ausdruck.

[1] Auf Salpetersäure ist nach Zerstörung der salpetrigen Säure durch Harnstoff (siehe S 55) zu prüfen.

Aufgabe: *Es sollen 31 g roter Phosphor in Phosphorsäure verwandelt werden.*[1]

Der rote Phosphor ist zunächst mit Wasser zu waschen. Rühre zu diesem Zweck 60 g Phosphor[2] in einem Becherglase mit Wasser an. Nach dem Absitzen des Phosphors dekantiere durch ein Filter und wiederhole diese Operation so oft, bis das Wasser nur noch schwach sauer reagiert und bringe dann den Phosphor auf das Filter. Nach vollständigem Auswaschen mit Wasser verdränge, um ein schnelleres Trocknen des Phosphors zu bewirken, das demselben noch anhaftende Wasser durch einmaliges Übergießen mit Alkohol und diesen in gleicher Weise wieder durch Äther und breite hierauf das Filter mit dem Phosphor auf Fließpapier zum Trocknen aus.

Ausführung: Bringe die nach Gleichung 1 erforderliche Menge[3] Salpetersäure vom spez. Gew. 1,21 bis 1,24 in einen langhalsigen Rundkolben von ungefähr 2 l Inhalt, füge zunächst 10 g Phosphor hinzu und stelle den Kolben unter dem Abzug auf einen Strohkranz. Tritt innerhalb 10 Minuten keine merkbare Erwärmung des Gemisches von selbst ein, so erwärme den Kolben auf einem zuvor bereit gestellten und angeheizten Wasserbade, jedoch nur wenige Minuten, so lange, bis die Gasentwickelung beginnt und im Kolben gefärbte Gase sichtbar werden. Nimm jetzt den Kolben sogleich vom Wasserbade, stelle ihn auf den Strohkranz zurück und hänge einen größeren Trichter in den Hals des Kolbens. Die Reaktion wird sehr bald lebhafter, unter Aufschäumen gerät die Flüssigkeit ins Sieden und braune Dämpfe entweichen aus dem Kolben, von denen ein Teil sich am Trichter verdichtet, so daß die Tropfen in den Kolben zurückfallen. Wenn die Gasentwickelung aufgehört hat und die rotbraune Farbe der den Kolben erfüllenden Dämpfe in eine gelbbraune übergegangen ist, schütte nach Entfernung des Trichters 5 g Phosphor in den Kolben nach. Die Reaktion beginnt von neuem und verläuft in der beschriebenen Weise. Der Rest des Phosphors

[1] Der käufliche rote Phosphor enthält in der Regel: Phosphorsäure, phosphorige Säure, Arsen; oft auch: Zinn, Eisen u. a. m.

[2] 60 g, um zugleich die für Präparat 27 erforderliche Menge gereinigten Phosphor zu erhalten.

[3] Tatsächlich wird weniger Salpeter verbraucht, da bei der Reaktion neben *NO* auch *N* gebildet und Salpetersäure (in welcher Weise?) regeneriert wird.

wird in Portionen von ungefähr 5 g zugesetzt, wobei mit dem erneuten Zusatz so lange zu warten ist, bis die Reaktion nachgelassen hat. — Dauer der Operation: $1^1/_2$ bis 2 Stunden.

Nach dem Erkalten fülle den Inhalt des Kolbens, der aus Phosphorsäure, phosphoriger Säure und überschüssiger Salpetersäure besteht und in der Regel durch ausgeschiedenes, braunschwarzes Arsen getrübt wird, in eine Retorte (von ungefähr $^3/_4$ l Inhalt) und destilliere über einem Sandbade den größten Teil der überschüssigen Salpetersäure ab (siehe Fig. 3, S. 11). Gegen Ende der Destillation tritt nochmals eine lebhafte Reaktion ein, welche durch die Oxydation der phosphorigen Säure veranlaßt wird. Während derselben treten dunkelbraun gefärbte Dämpfe auf, die zum Teil aus dem Halse der Vorlage entweichen. Wenn die Reaktion aufgehört hat, ist die Destillation zu unterbrechen.[1]

Den in der Retorte verbliebenen Rückstand bringe in einen Stehkolben und verdünne ihn mit Wasser auf ungefähr 1 l. Hierauf leite, um das Arsen zu entfernen, 2 bis 3 Stunden lang Schwefelwasserstoff in die erwärmte Lösung und lasse sie dann über Nacht stehen. Riecht der Inhalt des Kolbens am folgenden Morgen noch kräftig nach Schwefelwasserstoff, so filtriere den gelben, flockigen Niederschlag[2] ab, andernfalls leite von neuem Schwefelwasserstoff ein, bis alles Arsen gefällt ist.

Das klare Filtrat ist in einer Porzellanschale zunächst auf dem Wasserbade einzuengen, bis das Volum nicht mehr abnimmt, dann in eine kleinere, dünnwandige Schale überzufüllen und anfangs über dem Sandbade, dann über dem Drahtnetze zu erhitzen, bis ein in die Flüssigkeit getauchtes Thermometer 180° zeigt. Vor dem Erhitzen auf dem Sandbade nimm eine Probe aus der Schale und prüfe dieselbe auf phosphorige Säure. Wird Silbernitrat beim Kochen der durch Wasser verdünnten Probe reduziert, so füge zu dem Schaleninhalt noch 10 bis 20 g Salpetersäure vom spez. Gew. 1,21 und dampfe

[1] Das Destillat besteht in der Regel aus 150 bis 180 g mit 10 bis 12 Proz. HNO_3.

[2] Die qualitative Untersuchung des oft mehr als 1 g betragenden Rückstandes ergibt, ob dieselbe nur aus As_2S_3 besteht oder zugleich SnS_2 enthält usw.

von neuem ein. Das fertige Produkt ist sogleich in einer (vorgewärmten!) Flasche mit Glasstopfen zu verwahren.

Ausbeute: *90 bis 95 g Phosphorsäure statt ? g.*

Eigenschaften u. Prüfung: Farblose, sirupdicke Masse, die nach Einwerfen eines Phosphorsäurekristalls augenblicklich unter Wärmeentwickelung erstarrt. Geht, über 180° erhitzt, allmählich unter Wasserverlust in Pyrophosphorsäure über. Beim Mischen mit Wasser findet nur geringe Erwärmung statt. In der wäßrigen Lösung erzeugt Magnesiamixtur einen weißen, kristallinischen Niederschlag; Ammoniummolybdat einen gelben Niederschlag, unlöslich in Salpetersäure, löslich in Ammoniak; Silbernitrat und ein wenig Ammoniak einen zitronengelben Niederschlag (Unterschied von Pyrophosphorsäure); koaguliert Eiweißlösung nicht (Unterschied von Metaphosphorsäure). Das Produkt soll frei von phosphoriger Säure und Arsenverbindungen sein.

14. A. Binatriumphosphat, B. Natriumammoniumphosphat, C. Pyrophosphorsäure und D. Metaphosphorsäure.

Roh- u. Hilfsstoffe: Orthophosphorsäure, kristallisierte Soda, Salmiak, Bleizucker, Schwefelwasserstoff. (Alkohol.)

A. Binatriumphosphat.

Na_2HPO_4, 12 aq.

Aufgabe: *Verwandle 75 g der als Präparat 13 erhaltenen Phosphorsäure nach der Gleichung:*

1) $H_3PO_4 + Na_2CO_3, 10\,aq + H_2O = Na_2HPO_4, 12\,aq + CO_2$

in Binatriumphosphatkristalle, in der Weise, daß nach dem Erkalten des Reaktionsgemisches auf 20° die Ausscheidung von $^2/_3$ des Produktes zu erwarten ist.

Ausführung: Verdünne die Phosphorsäure unter Berücksichtigung des Kristallwassergehaltes der zu verwendenden

Soda mit der disponibeln Wassermenge.[1] Erwärme die Phosphorsäurelösung und trage allmählich die berechnete Menge kristallisierte Soda ein. Die Lösung soll nur schwach alkalisch reagieren.[2] Lasse die Lösung über Nacht stehen, bringe die Kristalle auf einen Trichter und trockne dieselben nach dem Ablaufen der Mutterlauge durch Drücken zwischen Fließpapier.

Ausbeute: *Ungefähr 180 g Binatriumphosphat.*

Eigenschaften: Monokline Säulen, die an der Luft rasch verwittern; die wäßrige Lösung reagiert alkalisch. Beim Erhitzen hinterbleibt pyrophosphorsaures Natrium.

B. Natriumammoniumphosphat.

$NaNH_4HPO_4$, $4aq$.

Aufgabe: *Verwandle 150 g Binatriumphosphat nach der Gleichung:*

2) $Na_2HPO_4 + NH_4Cl = NaNH_4HPO_4 + NaCl$

in Natriumammoniumphosphat.

Ausführung: Löse das Binatriumphosphat, sowie die äquivalente Menge Salmiak in möglichst wenig heißem Wasser und vereinige die Lösungen. Das beim Erkalten auskristallisierende Produkt ist chlornatriumhaltig und durch Umkristallisieren zu reinigen.

Eigenschaften: Das Natriumammoniumphosphat, auch Phosphorsalz genannt, kristallisiert in monoklinen Säulen, die an der Luft allmählich verwittern und Ammoniak verlieren. Beim Erhitzen hinterbleibt metaphosphorsaures Natrium.

C. Pyrophosphorsäure.

$H_4P_2O_7$.

Aufgabe: *Es soll eine 10prozentige wäßrige Lösung von Pyrophosphorsäure dargestellt werden.*

Ausführung: Erhitze in einer Porzellanschale über dem Drahtnetze 20 bis 30 g Binatriumphosphat unter Umrühren,

---

[1] Die Löslichkeitsverhältnisse siehe S. 95 u. 96.

[2] D. h. eine Probe soll auf Zusatz von nur wenigen Tropfen Salzsäure sauer werden.

bis das Salz wieder fest geworden ist. Fülle damit einen Platintiegel etwa zur Hälfte und bringe ihn zunächst über den Bunsenbrenner, dann über dem Gebläse, wobei darauf zu achten ist, daß nur die Spitze, nicht der reduzierend wirkende Teil, der Flamme den Tiegel berühre[1] oder besser in einem elektrischen Ofen, zum Glühen so lange, bis keine Gasblasen mehr aus der geschmolzenen Masse aufsteigen.

3) $$2Na_2HPO_4 = Na_4P_2O_7 + H_2O.$$

Nach dem Erkalten löse den Inhalt des Tiegels in der zehnfachen Menge heißen Wassers und füge eine konzentrierte wäßrige Lösung von Bleizucker[2] hinzu, entsprechend der Formel:

4) $$Na_4P_2O_7 + 2Pb(C_2H_3O_2)_2 = Pb_2P_2O_7 + 4NaC_2H_3O_2.$$

Das ausgeschiedene Bleisalz filtriere ab, wasche zunächst mit Wasser, dann mit Alkohol,[3] bis im Filtrat kein Blei mehr nachweisbar ist. Nach dem Trocknen zerreibe das Bleipyrophosphat, übergieße es mit so viel Wasser, daß eine 10prozentige Lösung von Pyrophosphorsäure zu erwarten ist und leite in das Gemisch Schwefelwasserstoff, bis das weiße Bleisalz vollständig in schwarzes Schwefelblei verwandelt ist:

5) $$Pb_2P_2O_7 + 2H_2S = 2PbS + H_4P_2O_7.$$

Die abfiltrierte Lösung der Pyrophosphorsäure stelle unter einen Exsikkator mit Ätzkalk, bis der Geruch nach Schwefelwasserstoff vollständig verschwunden ist.

Eigenschaften: Die Lösung läßt sich durch Eindampfen nicht konzentrieren, da hierbei die Pyrophosphorsäure in Orthophosphorsäure übergeht. Silbernitrat erzeugt eine weiße pulverige Fällung (Unterschied von Orthophosphorsäure); Eiweißlösung wird nicht koaguliert (Unterschied von Metaphosphorsäure)

[1] Andernfalls wird das Platin leicht brüchig.

[2] 1 Teil Wasser von 40° löst 1 Teil $Pb(C_2H_3O_2)_2, 3aq$.

[3] Bleiacetat und Natriumacetat sind in Alkohol löslich, Bleipyrophosphat ist in Alkohol unlöslich.

D. Metaphosphorsäure.

HPO_3.

Aufgabe: *Es soll eine 10prozentige wäßrige Lösung von Metaphosphorsäure dargestellt werden.*

Das Präparat ist aus Phosphorsalz in derselben Weise wie die Pyrophosphorsäure aus Binatriumphosphat herzustellen, entsprechend den Gleichungen:

6) $$NaNH_4HPO_4 = NaPO_3 + NH_3 + H_2O,$$

7) $$2NaPO_3 + Pb(C_2H_3O_2)_2 = Pb(PO_3)_2 + 2NaC_2H_3O_2,$$

8) $$Pb(PO_3)_2 + H_2S = PbS + 2HPO_3.$$

Eigenschaften: Die Lösung läßt sich durch Eindampfen nicht konzentrieren, da hierbei die Metaphosphorsäure allmählich in Pyrophosphorsäure übergeht. Silbernitrat erzeugt eine weiße gallertartige Fällung. Die wäßrige Lösung der Metaphosphorsäure koaguliert Eiweißlösung. (Unterschied von Ortho- und Pyrophosphorsäure).

15. Bleiperoxyd.

(**Zwischenprodukt:** *Bleiacetat.*)

Roh- u. Hilfsstoffe: Bleioxyd, Eisessig, Soda, Kochsalz, Braunstein, konz. Schwefelsäure, verdünnte Salpetersäure.

Essigsäure verwandelt Bleioxyd in Bleiacetat nach der Gleichung:

1) $$PbO + 2C_2H_4O_2 = Pb(C_2H_3O_2)_2 + H_2O.$$

Wird die Lösung von Bleiacetat mit Soda versetzt und Chlor in die Mischung eingeleitet, so entsteht Bleiperoxyd:

2) $$\begin{cases} Pb(C_2H_3O_2)_2 + Na_2CO_3 + 2Cl + H_2O \\ \quad = PbO_2 + 2NaCl + 2C_2H_4O_2 + CO_2. \end{cases}$$

Aufgabe: *100 g Bleioxyd verwandle in Bleiacetat und stelle aus 100 g des erhaltenen Produktes Bleiperoxyd her.*

Ausführung: a) Darstellung des Bleiacetats. Verwende 100 g des bei Präparat 12, S. 30, als Nebenprodukt gewonnenen Bleioxyds[1] oder Bleiweiß. Übergieße dasselbe in einem Kölbchen mit der nach Gleichung 1 erforderlichen Menge 33prozentiger Essigsäure[2] und erwärme zum Sieden. Sobald sich das Bleioxyd gelöst hat (wenn nötig, füge noch etwas Essigsäure hinzu), filtriere durch einen Heißwassertrichter. Beim Erkalten erstarrt die Lösung zu einem Kristallbrei kleiner Nadeln. Nach dem Absaugen der rotbraungefärbten (wodurch?) Mutterlauge und Trocknen zwischen Filtrierpapier hat das Produkt (Bleizucker) die Zusammensetzung $Pb(C_2H_3O_2)_2, 3aq$.

b) Darstellung des Bleiperoxyds. Löse 100 g Bleizucker, sowie die nach Gleichung 2 erforderliche Menge Soda, jedes für sich in Wasser, vereinige beide Lösungen in einer Retorte *c* (Fig. 1) von ungefähr 1 l Inhalt und leite in die breiartige Masse durch ein in den Hals der Retorte eingeführtes Glasrohr Chlor bis zur vollständigen Umwandlung des weißen Karbonats in braunes Peroxyd.

Zur Darstellung des Chlors übergieße 2 Teile feingepulverten Braunstein und 2 Teile Kochsalz in einem Entwickelungskolben mit dem erkalteten Gemisch von 6 Teilen konz. Schwefelsäure und 2 Teilen Wasser. Diese Mischung entspricht, wenn der Braunstein 70 Proz. MnO_2 enthält, nahezu der Gleichung:

$$3)\quad 2NaCl + 3H_2SO_4 + MnO_2 = 2NaHSO_4 + MnSO_4 + 2Cl + 2H_2O.$$

Schon in der Kälte beginnt die Chlorentwickelung, man unterstützt sie durch gelindes Erwärmen des Kolbens auf einem Sandbade und erhält beim richtigen Regulieren der Flamme einen gleichmäßigen Chlorstrom.

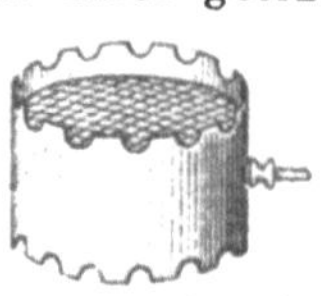

Fig. 13. Gasofen nach Ostwald.

Statt des Sandbades kann man sich auch des kleinen Gasofens nach Ostwald bedienen. Derselbe (Fig. 13) besteht aus einem Blechmantel, in dessen oberen Teil ein Drahtnetz horizontal befestigt ist. Unter demselben befindet sich der kreuzweise durchbohrte Brennerkopf. Die vierstrahlige, schwach leuchtende Flamme läßt sich leicht regulieren. Der Gasofen

[1] Dasselbe ist in der Regel durch etwas Eisenoxyd und Bleikarbonat verunreinigt; ist letzteres zugegen, so findet beim Übergießen mit Essigsäure ein Aufbrausen statt.

[2] 1 Teil Eisessig und 2 Teile Wasser.

vermag bei kleiner Flamme das Wasserbad, bei großer Flamme das Sandbad vorteilhaft zu ersetzen.

Zwischen den Entwickelungskolben und das Zersetzungsgefäß ist eine Waschflasche (*B*, Fig. 1) mit Wasser einzuschalten.

Da besonders im Anfange der Operation etwas Chlor unverbraucht entweicht, sind die zur Chlorentwickelung erforderlichen Materialien reichlicher zu bemessen; es genügt in der Regel, von denselben $^1/_3$ mehr anzuwenden, als der Gleichung 2 entspricht.

Nach beendeter Operation, die etwa $1^1/_2$ Stunden erfordert, erwärmt man den Inhalt der Retorte auf dem Wasserbade, bringt ihn alsdann in ein Becherglas, läßt absitzen und gießt die überstehende klare Lösung ab. Hierauf wird das Bleiperoxyd im Becherglase mit verdünnter Salpetersäure digeriert, um etwa unzersetzt gebliebenes Bleikarbonat zu lösen, und nach wiederholtem Dekantieren mit warmem Wasser auf ein Filter gebracht und ausgewaschen, bis das Waschwasser nicht mehr sauer reagiert.

Ausbeute: *ca. 60 g Bleiperoxyd statt ? g.*

Eigenschaften und Prüfung: Dunkelbraunes amorphes Pulver, in Salpetersäure unlöslich. Das Produkt soll beim Digerieren mit Salpetersäure kein Blei abgeben, nach Zusatz von etwas Kaliumnitrit sich jedoch in Salpetersäure klar lösen.

Über die maßanalytische Bestimmung des Bleiperoxyds siehe S. 87.

16. Antimontrichlorid.

$SbCl_3$.

(**Nebenprodukt:** *Natriumsulfid*, Na_2S.)

Roh- u. Hilfsstoffe: Geschlämmtes Grauspießglanzerz, konz. Salzsäure, Ätznatron.

Die Zersetzbarkeit des Grauspießglanzerzes durch Salzsäure ist von der Konzentration der Salzsäure und der Temperatur, bei welcher sie einwirkt, abhängig. Salzsäure mit

25 Proz. HCl und darüber zersetzt Grauspießglanz bereits allmählich in der Kälte, schneller beim Erhitzen:

1) $$Sb_2S_3 + 6\,HCl = 2\,SbCl_3 + H_2S.$$ [1]

Aufgabe: *Es sollen 100 g Grauspießglanzerz in Antimontrichlorid verwandelt und hierbei als Nebenprodukt 1 l einer 5 prozentigen wäßrigen Lösung von Natriumsulfid gewonnen werden.*

Ausführung: Die zur Herstellung des Natriumsulfids (entsprechend der Aufgabe) erforderliche Menge Ätznatron (Gleichung 2 und 3) löse in etwa 800 ccm Wasser, teile die Lösung in zwei gleiche Teile und fülle die eine Hälfte in die Retorte C (Fig. 1, S. 2), in die Waschflasche B gib etwas Wasser. Hierauf bringe in den Rundkolben A das feinverteilte (geschlämmte) Grauspießglanzerz und füge ungefähr zweimal soviel konzentrierte Salzsäure hinzu, als der Gleichung 1 entspricht (warum genügt die theoretische Menge konz. Salzsäure nicht?). Die Zersetzung ist durch allmählich zu steigerndes Erhitzen des Kolbeninhaltes zu unterstützen und als beendet anzusehen, wenn die Gasentwickelung aufgehört hat. — Dauer der Operation: Ungefähr 2 Stunden.

Enthält der Grauspießglanz Arsenverbindungen, so geht mit den Wasserdämpfen leicht flüchtiges Arsentrichlorid in die Waschflasche über, das sich dann hier mit Schwefelwasserstoff zu Arsentrisulfid umsetzt.[2]

Das in der Retorte entstandene Natriumsulfhydrat vereinige mit der zweiten Hälfte Natronlauge und spüle die

---

[1] Aus Lösungen von Antimontrichlorid in verdünnter Salzsäure wird (umgekehrt) durch Schwefelwasserstoff Antimontrisulfid gefällt:

$$2\,SbCl_3 + 3\,H_2S = Sb_2S_3 + 6\,HCl.$$

Ist der Gehalt der Salzsäure an HCl derartig, daß die Säure Antimontrisulfid zwar in der Wärme, aber nicht in der Kälte zu zersetzen vermag, so kann sich aus der klaren heißen Lösung (wenn der H_2S nicht vollständig fortgekocht wurde), beim Erkalten rotgelbes Antimontrisulfid ausscheiden.

[2] Dieses Verhalten ist insbesondere bei forensischen Untersuchungen sehr zu beachten. Enthält z. B. Schwefeleisen Arsen, so kann der daraus hergestellte Schwefelwasserstoff arsenhaltig sein.

Retorte mit so viel Wasser nach, daß das Volum der vereinigten Lösungen 1 l beträgt.[1]

2) $$NaOH + H_2S = NaHS + H_2O,$$

3) $$NaHS + NaOH = Na_2S + H_2O.$$

Nachdem sich in dem Zersetzungskolben das ungelöst Gebliebene (Sand usw.) vollständig zu Boden gesetzt hat, gieße die Lösung in eine tubulierte Retorte (*A*, Fig. 14) vom Bodensatz ab, bringe in den Tubulus *a* der Retorte ein Thermometer

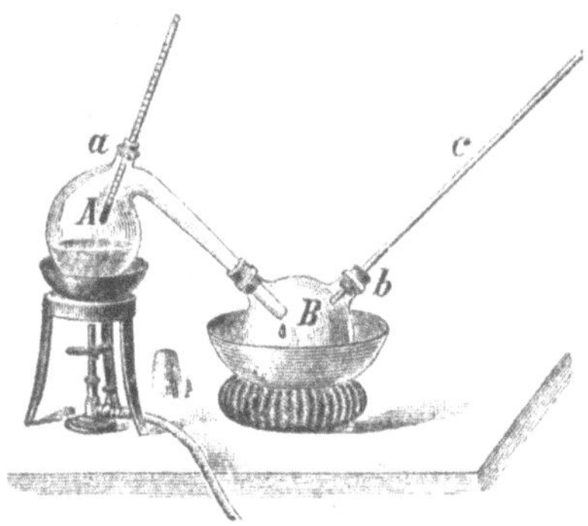

Fig. 14. Konzentrieren des Antimontrichlorids.

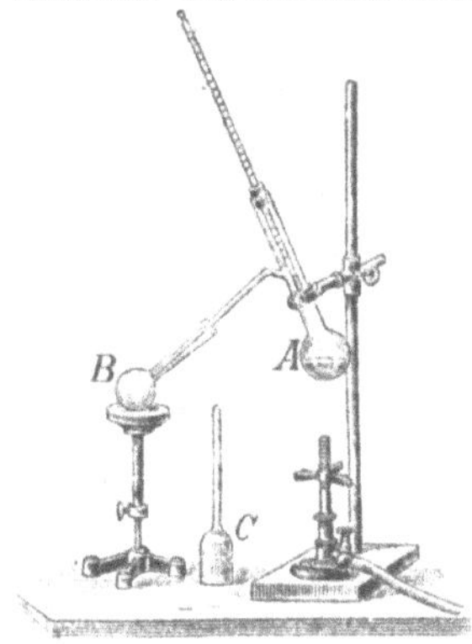

Fig. 15. Fraktionierte Destillation des Antimontrichlorids.

und destilliere den größten Teil des Wassers und der Salzsäure in eine Vorlage *B*, deren Tubulus *b* ein Rohr *c* zum Fortleiten der Salzsäure trägt (vgl. Fig. 14), ab, bis das Thermometer 120° zeigt. Alsdann führe den noch flüssigen Inhalt der Retorte in ein Destillationskölbchen (*A*, Fig. 15) über und unterwirf ihn der fraktionierten Destillation. Die bis 180° und von da bis 220° übergehenden Anteile sind in trocknen Probiergläsern gesondert aufzufangen, alsdann ist zu prüfen, indem man einen Tropfen auf ein Uhrglas fallen läßt, ob das Destillat erstarrt. Ist dies der Fall, so wechsele die Vorlage *B* von neuem und setze das Erhitzen des Kolbens fort, solange

[1] Die Lösung des Natriumsulfids ist für das Präparat 20 B zu reservieren.

noch etwas übergeht. Hierbei ist darauf zu achten, daß sich das Abflußrohr des Destillationskölbchens nicht durch erstarrendes Antimontrichlorid verstopft, das eintretendenfalls sogleich durch eine bereit gehaltene Flamme zum Schmelzen zu bringen ist. In der Retorte bleibt ein braungelber Rückstand von basischem Eisenchlorid in geringerer oder größerer Menge, entsprechend dem Eisengehalt des Grauspießglanzerzes. Die Destillate sind in der Regel durch etwas mitübergerissenes Eisenchlorid gelblich gefärbt. Man sucht zunächst durch wiederholte fraktionierte Destillation der zuerst übergegangenen flüssigen Portionen noch festes Produkt zu gewinnen und unterwirft dann die festen Anteile zusammen einer letzten Destillation, bei der ein farbloses, kristallinisch erstarrendes Präparat erhalten wird, das man in einem Fläschchen (*C*, Fig. 15), dessen röhrenförmiger Ansatz sich leicht zuschmelzen läßt, aufbewahrt.

Die **Ausbeute** *kann nicht der Theorie entsprechen, weil das Antimontrichlorid etwas flüchtig ist und daher zum Teil in die letzten wäßrigen Destillate übergeht; sie richtet sich ferner nach der Reinheit des Grauspießglanzerzes.*

Eigenschaften: Das Antimontrichlorid bildet eine weiße kristallinische Masse, die bei 73° schmilzt und bei 221° siedet. An der Luft zerfließt sie allmählich, indem sie Feuchtigkeit anzieht; mit wenig Wasser ist sie mischbar, mit viel Wasser findet Zersetzung in Antimonoxychlorid und Salzsäure statt:

$$SbCl_3 + H_2O = SbOCl + 2HCl.$$

17. Kieselfluorwasserstoffsäure.

H_2SiF_6.

(**Nebenprodukt:** *Kieselsäure.*)

Roh- u. Hilfsstoffe: Fluorcalcium (Flußspat), Kieselsäure (Kieselgur oder Quarzsand),[1] konz. Schwefelsäure (etwa 1 kg Quecksilber).

[1] Es kann auch die bei einer früheren Operation als Nebenprodukt gewonnene Kieselsäure verwendet werden.

Die bei Einwirkung von konz. Schwefelsäure auf Fluorcalcium:

$$H_2SO_4 + CaF_2 = CaSO_4 + 2HF$$

freiwerdende Fluorwasserstoffsäure wirkt auf gleichzeitig vorhandene Kieselsäure nach der Gleichung:

$$4HF + SiO_2 = SiF_4 + 2H_2O$$

ein. Durch überschüssige konz. Schwefelsäure wird das Wasser zurückgehalten, während das Fluorsilicium gasförmig entweicht. Wird das Gas in Wasser geleitet, so bildet sich unter Abscheidung von gallertartiger Kieselsäure Kieselfluorwasserstoffsäure:

$$3SiF_4 + 3H_2O = 2H_2SiF_6 + H_2SiO_3.$$

Aufgabe: *Verwandle das bei der Darstellung von Tonerde und Soda aus Kryolith (S. 16) als Nebenprodukt erhaltene Fluorcalcium*[1] *oder 100 g Flußspat in Kieselfluorwasserstoffsäure.*

Der **Apparat** (Fig. 16) besteht aus dem Entwickelungsgefäß *A* und dem Glaszylinder *B* von etwa 1 l Inhalt, welche durch die Röhren *c* und *d* miteinander in Verbindung stehen. Als Entwickelungsgefäß dient am besten ein $^3/_4$ l fassender Tonkrug.[2] Der Krug wird in den als Sandbad dienenden eisernen Topf *E*, der auf dem Tellerbrenner *F* steht, gebracht und mit Sand umgeben. Das T-förmige Gasentbindungsrohr *d* ist möglichst weit zu wählen und durch einen Korkstopfen (oder mittels Gips) im Halse des Kruges zu befestigen. Das untere Ende ist seitlich eingefeilt, die obere Öffnung durch einen Korkstopfen verschlossen. Derselbe soll nicht fest eingedrückt, sondern nur lose aufgesetzt werden, damit er bei etwa eintretender Verstopfung der Röhre *c* wie ein Ventil wirken kann. Das Glasrohr *c* reicht mit seinem unteren glockenförmig erweiterten Ende *e* gerade bis auf den Boden des Glaszylinders *B*.

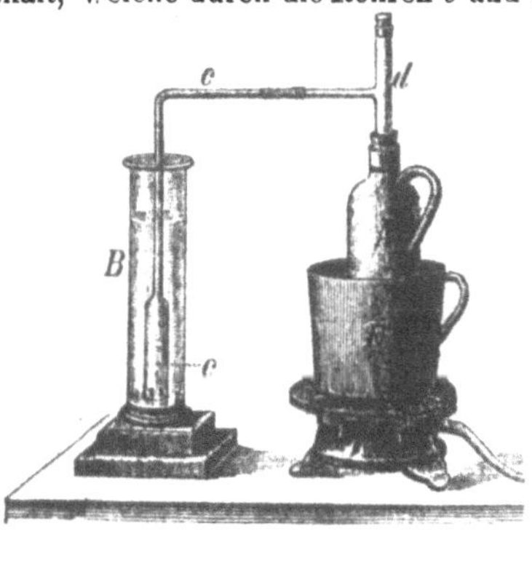

Fig. 16. Darstellung von Kieselfluorwasserstoffsäure.

[1] Zeigt sich beim Übergießen einer Probe mit Salzsäure lebhaftes Aufbrausen (Na_2CO_3, $CaCO_3$), so sind die Karbonate zuvor mit verdünnter Salzsäure auszuziehen.

[2] Von der Art, wie sie als Mineralwasserkrüge bisweilen noch Verwendung finden.

Außerdem sind noch erforderlich: ein Tenakel mit Flanelltuch[1] und ein Glaslöffel, den man sich vor der Glasbläserlampe aus einer aufgeblasenen Kugel, nachdem sie zur Hälfte wieder erweicht wurde, durch schnelles Aussaugen der Luft, leicht selbst herstellen kann.

Ausführung: Die Kieselsäure wendet man am besten in feinverteiltem Zustande, in Form von gereinigter Kieselgur oder Infusorienerde an und nimmt hiervon $^1/_4$ mehr als die Theorie verlangt (von Quarzsand ist das Doppelte zu nehmen). Die Schwefelsäure muß in größerem Überschuß vorhanden sein (warum?), auf 100 g Fluorcalcium nimm wenigstens 500 g H_2SO_4. Das Fluorcalcium und die Kieselerde sind zunächst, jedes für sich, in einer eisernen Schale auszuglühen, bis alle Feuchtigkeit entfernt und die in der Kieselgur vorhandene organische Substanz zerstört ist. Nach dem Erkalten sind beide Körper im Mörser fein zu pulvern und innig miteinander zu verreiben, bevor das Gemisch in den Krug gebracht wird. Hierauf stelle den Apparat zusammen und achte darauf, daß die Röhren *c* und *d* im Innern ganz trocken sind. In den Glaszylinder gib so viel Quecksilber, daß die untere Öffnung des Zuleitungsrohres *c* gerade abgeschlossen wird und hierauf Wasser, bis der Zylinder *B* etwa $^4/_5$ damit gefüllt ist. Nun gieße die Schwefelsäure mittels eines langhalsigen Trichters durch das T-Rohr in den Krug, verschließe die Öffnung des T-Rohres und zünde die Flamme unter dem Sandbade an.

Die Gasentwickelung beginnt sogleich[2] und läßt sich leicht regulieren. Nachdem die Luft aus dem Apparat verdrängt ist, überziehen sich die aufsteigenden Blasen mit einer Haut von Kieselsäure. Dieselbe sammelt sich zunächst an der Oberfläche als gallertartige Masse und füllt allmählich den Zylinder immer mehr an. Hat sich der Inhalt des Zylinders so weit verdickt, daß die Gasblasen nur schwer ihren Weg finden, so schöpfe einen Teil mit dem Glaslöffel

[1] Als Kolatorium (vgl. die Anmerkung Seite 15) verwendet man Stoffe aus Tierfaser (Wolle), wenn die Lösung sauer, aus Pflanzenfaser (Leinen, Baumwolle), wenn sie alkalisch reagiert.

[2] War das Fluorcalcium schlecht ausgewaschen, so enthält es Soda (infolge der Einwirkung der Kohlensäure der Luft auf das Aluminat) und es entweicht CO_2.

auf das mit Flanell bespannte Tenakel oder auf eine Nutsche (S. 15) aus und gieße eine entsprechende Menge Wasser in den Zylinder nach. In der Regel wachsen gegen Ende der Reaktion, das man am Langsamerwerden der Gasentwickelung erkennt, aus dem Quecksilber Schläuche von Kieselsäure heraus, durch welche das noch unzersetzte Gas emporsteigt. — Dauer der Operation: 2 bis 3 Stunden.

Der Inhalt des Zylinders ist vom Quecksilber abzugießen, zu kolieren und auszuwaschen. Die zurückbleibende Kieselsäure entferne nach dem Auswinden vom Kolatorium und trockne sie an der Luft. Die Kolatur ist durch ein Papierfilter zu klären.

Die Bestimmung des Gehaltes der Lösung an Kieselfluorwasserstoffsäure erfolgt durch Titrieren unter Anwendung von Barytwasser (siehe S. 82).

Ausbeute: *Ungefähr 80 Proz. der Theorie.*

Eigenschaften: Die Kieselfluorwasserstoffsäure läßt sich nicht durch Eindampfen konzentrieren, da sie hierbei allmählich in Fluorsilicium und Fluorwasserstoffsäure zerfällt. In nicht zu verdünnten Lösungen erzeugt Kalilauge einen farblosen, durchscheinenden Niederschlag von Kieselfluorkalium, Chlorbarium einen kristallinischen Niederschlag von Kieselfluorbarium. Kieselfluorbarium ist in Salzsäure unlöslich und von Bariumsulfat durch seine eigenartige (unter dem Mikroskop deutlicher erkennbare) Form leicht zu unterscheiden. Kieselfluormetalle zersetzen sich beim Glühen in Fluorsilicium und Fluormetalle.

18. Kristallisiertes Silicium.

(Zwischenprodukt: *Kieselfluorkalium.*)

Roh- u. Hilfsstoffe: Kieselfluorwasserstoffsäure, Kalilauge, Aluminiumfeile, Salzsäure.

Erhitzt man Kieselfluorkalium mit Aluminium, so erhält man neben Kalium- und Aluminiumfluorid Silicium:

$$3K_2SiF_6 + 4Al = 3Si + 6KF + 4AlF_3.$$

Wendet man mehr Aluminium an, als der Gleichung entspricht, so löst das überschüssige Aluminium im geschmolzenen Zustande das Silicium auf. Beim Erstarren des Aluminiums scheidet sich das Silicium in kleinen Kristallen aus.

Aufgabe: *Verwandle die als Präparat 17 dargestellte Kieselfluorwasserstoffsäure in Silicium.*

Ausführung: Die Kieselfluorwasserstoffsäure ist mit einer konzentrierten Lösung von Ätzkali in Wasser genau zu neutralisieren:

$$H_2SiF_6 + 2KHO = K_2SiF_6 + 2H_2O,$$

was leicht gelingt, wenn man zunächst einen Teil der Kieselfluorwasserstoffsäure reserviert, den man der alkalisch gewordenen Lösung zusetzt.

Der durchscheinende, irisierende Niederschlag setzt sich bald zu Boden; nach dem Abfiltrieren, Absaugen und Trocknen erhält man das Kieselfluorkalium als weißes, amorphes Pulver.

Verreibe dasselbe mit einem Drittel seines Gewichtes Aluminiumfeile, bringe die Mischung in einen hessischen Tiegel, streue noch etwas Aluminium oben auf und erhitze den Tiegel etwa eine halbe Stunde bis zur Rotglut.

Nach dem Zerschlagen des Tiegels findet man einen größeren Regulus neben einigen kleineren Kugeln von grauer Farbe, an deren Oberflächen glänzende Siliciumkristalle sichtbar sind, die unter der Lupe in der Regel deutlich als Oktaeder erscheinen. Die mechanisch von der Schlacke befreiten Metallkugeln und den Regulus behandele mit Salzsäure, bis das Aluminium in Lösung gegangen ist, das Silicium bleibt in grauschwarzen, graphitähnlichen, glänzenden Kristallblättern zurück.

Ausbeute: *Ungefähr $^1/_{10}$ des angewandten Kieselfluorkaliums (= ? Prozent der theoretischen Ausbeute?).*

Eigenschaften: Das kristallisierte Silicium wird von Säuren nicht angegriffen, Kali- und Natronlauge lösen es unter Wasserstoffentwickelung und Bildung von kieselsauren Salzen auf. Es ist härter als Glas und verbrennt nicht beim Erhitzen auf Platinblech. Von anhaftender Kieselsäure läßt es sich durch Behandeln mit Flußsäure in einer Platinschale befreien.

19. Kolloidale Kieselsäure.

Roh- u. Hilfsstoffe: Kieselsaures Natron, Salzsäure vom spez. Gew. 1,10.

Bei der Einwirkung von Fluorsilicium auf Wasser (S. 43) scheidet sich Kieselsäure als durchscheinende gallertartige Masse ab, die beim Trocknen in ein leichtes, weißes, amorphes Pulver übergeht. Auch wenn man zu einer konzentrierten Lösung von kieselsaurem Natron tropfenweise Salzsäure hinzufügt, fällt Kieselsäure als gallertartige Masse aus. Gießt man jedoch die Lösung des kieselsauren Natrons rasch in überschüssige Salzsäure, so erfolgt keine Ausscheidung:

$$Na_2SiO_3 + aHCl = H_2SiO_3 + 2NaCl + (a - 2)HCl.$$

In der Lösung befindet sich die Kieselsäure in kolloidem Zustande neben Chlornatrium und Salzsäure, welche durch Dialyse entfernt werden können.

Mit der Zeit koagulieren konzentrierte Lösungen der Kieselsäure Nach Graham[1] koaguliert bei gewöhnlicher Temperatur eine Lösung von Kieselsäure mit 10 bis 12 Proz. in wenigen Stunden, mit 5 bis 6 Proz. in 5 bis 6 Tagen, mit 2 Proz. in 2 bis 3 Monaten, während eine 1 prozentige Lösung 2 Jahre lang aufbewahrt werden konnte.

Aufgabe: *Stelle eine reine Lösung von kolloider Kieselsäure her.*

Ausführung: Löse ca. 50 g kieselsaures Natron (Na_2SiO_3, $8aq$) oder Wasserglas ($4SiO_2 \cdot Na_2O$) in 200 ccm Wasser und gieße die Lösung in Salzsäure vom spez. Gew. 1,10, welche etwas mehr HCl enthält, wie zur Bindung des Natrons erforderlich ist, und bringe die klare Lösung, welche bei einem Eisengehalt des kieselsauren Natrons mehr oder weniger gelb gefärbt ist, in einen Dialysator.

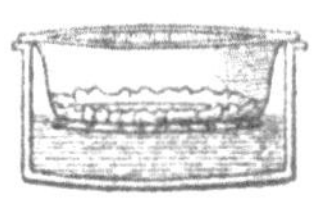

Fig. 17. Dialysator.

Der Dialysator (Fig. 17) besteht aus einem unten durch eine Membran verschlossenen Glaszylinder, dessen oberer Rand hutkrempenartig gebogen ist, um den Dialysator bequem in ein Gefäß mit Wasser hängen zu können.

[1] J. f. pr. Ch. (94, S. 348).

In einfachster Weise läßt sich ein Dialysator herstellen, indem man die obere Hälfte eines weiten Becherglases (ohne Ausgußschnauze) absprengt und nun ein passendes Stück Tierblase oder Pergamentpapier nach dem Anfeuchten über den Rand stülpt und mit Bindfaden fest umwickelt; auf den Boden des Glaszylinders, in welchen es eingestellt werden soll, legt man einen zum Dreieck gebogenen Glasstab.

Bringt man die Kieselsäurelösung in den Dialysator, in das äußere Gefäß Wasser bis fast zum gleichen Niveau, so wandern die Elektrolyte: Chlornatrium und Salzsäure durch die Membran hindurch, bis im inneren und äußeren Gefäße der Salz- und Säuregehalt annähernd gleich geworden ist, die kolloidale Kieselsäure dagegen bleibt im Dialysator zurück. Erneuert man das Wasser im äußeren Gefäße und wiederholt man die Erneuerung des Wassers genügend oft, bis die Chlorreaktion (nahezu) verschwunden ist (bisweilen vergehen Tage), so bleibt im Dialysator eine reine Lösung von Kieselsäure zurück. Rascher kommt man zum Ziel, wenn man das Wasser im äußeren Gefäß dauernd langsam zu- und abfließen läßt.

Eigenschaften: Lösungen kolloider Kieselsäure werden in kurzer Zeit koaguliert durch Hinzufügen sehr verdünnter Lösungen von kohlensaurem Alkali (0,01 Proz.) oder von kohlensaurem Kalk, durch Einleiten weniger Blasen Kohlensäure, durch Beimischen indifferenter Körper, z. B. Graphitpulver (Graham). Erhitzt man die durch Gerinnen kolloider Kieselsäure erhaltene Gallerte mit schwach alkalischem Wasser (0,01 Proz. $NaOH$), so geht sie wieder in Lösung.

Schon Graham bezeichnete die in Wasser gelöste Kieselsäure als *Hydrosol* und das gelatinöse Hydrat mit *Hydrogel.*

20. Entzinnen von Weißblechabfällen.

Bestimme zunächst den Zinngehalt des Weißblechs,[1] der je nach der Stärke des Blechs 1 bis 3 Proz. zu betragen pflegt.

[1] Nach Detlefsen und Meyers, Ztschr. f. angew. Ch. XXII, 68.

Schneide von verschiedenen Stücken des zu verarbeitenden Blechs ca. 30 g Schnitzel ab, reinige sie von Schmutz und Fett, trockne und wäge. Sodann übergieße die Schnitzel in einer geräumigen Schale mit Wasser, bis sie ganz bedeckt sind. Erwärme bis ungefähr 80°, füge unter fortwährendem Erhitzen für je 20 g Schnitzel ca. 1 g Natriumperoxyd[1] hinzu, rühre mit einem Glasstab um und gib, sobald das starke Aufbrausen nachgelassen hat, noch 1 g Natriumperoxyd hinzu. Nachdem die Gasentwickelung aufgehört hat, wird die Flamme beiseite geschoben; man sieht dann leicht, ob alles Zinn entfernt ist. Sollte dies nicht der Fall sein, so gib noch etwas Natriumperoxyd hinzu und koche unter Umrühren noch einen Augenblick. Nun werden die Schnitzel mit Wasser, zuletzt mit Alkohol abgespült, getrocknet und gewogen.

A. Mit Chlor.

(**Hauptprodukt:** *Zinntetrachlorid.*)

Roh- u. Hilfsstoffe: Weißblechschnitzel, Braunstein, Kochsalz, konz. Schwefelsäure, etwas Quecksilber und einige Stückchen Stanniol.

Trockenes Chlor verwandelt Zinn in flüssiges Zinntetrachlorid:

$$Sn + 2\,Cl_2 = SnCl_4.$$

Aufgabe: *Entzinne 1 bis 2 kg Weißblechabfälle.*

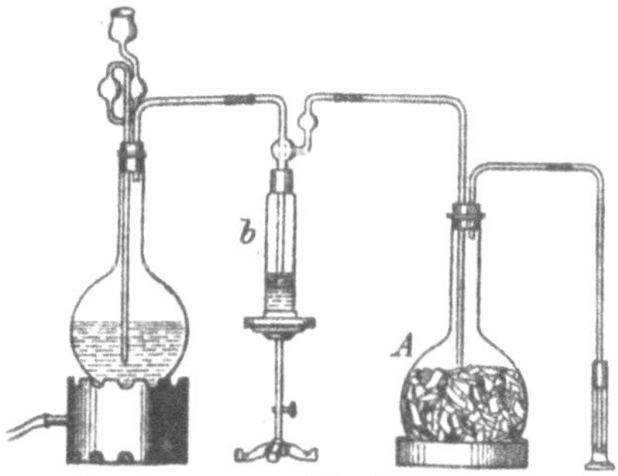

Fig. 18. Entzinnen von Weißblech durch Chlor.

Ausführung: Bringe nicht zu kleine, saubere, durch Zusammenbiegen in passende Form gebrachte, trockene Weißblechabfälle in einen trockenen Rundkolben (*A*, Fig. 18) mit weitem Hals von 1,5 bis 2 l Inhalt und verschließe denselben

[1] Vgl. die Anmerkung S. 59.

mit einem Stopfen, in welchem ein rechtwinklig gebogenes Rohr zum Einleiten des Chlors, bis in die Mitte des Kolbens reichend, und ein zweimal rechtwinklig gebogenes Rohr steckt, dessen kürzerer Schenkel dicht unter dem Stopfen endet, während der andere lang genug sein soll, um in einen kleinen Zylinder mit Quecksilber getaucht werden zu können.

Das Chlor ist, wie bei Präparat 15, S. 38, angegeben, aus Braunstein, Kochsalz und mit wenig Wasser versetzter konz. Schwefelsäure zu entwickeln und in einer konzentrierte Schwefelsäure enthaltende Waschflasche (*b*) zu trocknen. Der Sicherheitstrichter des Chlorentwickelungskolbens ist durch etwas Quecksilber zu verschließen.

Durch einen raschen Chlorstrom vertreibe zunächst aus dem Rundkolben die Luft, tauche dann das Ableitungsrohr in den Quecksilberzylinder und stelle die Flamme unter dem Chlorkolben möglichst klein ein. Das Chlor wird sofort lebhaft vom Zinn absorbiert, am Boden des Kolbens sammelt sich das Zinnchlorid an. War das Zinn und Chlor nicht ganz trocken, so erscheint an den Kolbenwandungen ein kristallinischer Beschlag von $SnCl_4$, $3H_2O$.

Nach höchstens einer halben Stunde ist die Reaktion beendet. Um dies festzustellen, leite durch stärkeres Erwärmen wieder einen raschen Chlorstrom durch den Kolben, entferne dann den Chlorkolben und verschließe die Waschflasche. Steigt im Gasableitungsrohr des mit den Blechabfällen gefüllten Kolbens das Quecksilber nicht mehr oder nur wenig, und zeigen sich an den jetzt grauen Blechstücken gelbbraune Ränder, so ist die Operation beendet.

Das auf dem Boden des Kolbens befindliche Zinntetrachlorid[1] ($SnCl_4$) ist eine farblose, leicht bewegliche, an der Luft stark rauchende Flüssigkeit, welche, vom überschüssigen Chlor befreit, bei 114° siedet und bei − 33° erstarrt. Es löst sich unter Erwärmung in Wasser; mit wenig Wasser vermischt, erstarrt die Lösung beim Abkühlen unter Bildung von $SnCl_4$, $3H_2O$ kristallinisch.

[1] Zinntetrachlorid ist unter dem Namen: „Spiritus fumans Libavii" seit 1605 bekannt.

Gieße das Produkt aus dem Rundkolben in ein trockenes Destillationskölbchen (*A*, Fig. 15, S. 41), füge einige Stückchen Stanniol hinzu, destilliere unter Anwendung eines Kühlers und verwahre das bei 114° übergehende Destillat in einem zugeschmolzenen Fläschchen (*C*, Fig. 15).

Ausbeute: *20 bis 40 g.*

B. Mit Natriumsulfid und Schwefel.

(**Hauptprodukt:** *Zinn;* **Nebenprodukt:** *Kaliumcyanat.*)

Roh- u. Hilfsstoffe: Weißblechschnitzel, Natriumsulfid, Schwefelblumen, rohe Salzsäure, Cyankalium.

Beim Behandeln des Weißblechs mit Natriumsulfid und Schwefel bildet sich lösliches Natriumsulfostannat:

1) $$Sn + Na_2S + 2S = Na_2SnS_3,$$

aus welchem Säuren Zinnsulfid abscheiden, z. B.:

2) $$Na_2SnS_3 + 2HCl = SnS_2 + H_2S + 2NaCl.$$

Das Zinnsulfid geht beim Erhitzen an der Luft (Rösten):

3) $$SnS_2 + 6O = SnO_2 + 2SO_2$$

in Zinnoxyd über, das durch Schmelzen mit Cyankalium reduziert wird:

4) $$SnO_2 + 2KCN = Sn + 2KCNO.$$

Aufgabe: *Es sollen 2 kg Weißblechabfälle in der angegebenen Weise entzinnt werden.*

Ausführung: In einem eisernen Topf übergieße die klein zerschnittenen Weißblechabfälle mit so viel der bei Präparat 16, S. 40, als Nebenprodukt erhaltenen Natriumsulfidlösung, wie die Bildung von Natriumsulfostannat bei dem zu ermittelnden Zinngehalt erfordert, füge die entsprechende Menge Schwefelblumen und noch so viel Wasser hinzu, daß die Schnitzel vollständig bedeckt sind. Nun erhitze zum Sieden und unterhalte das Kochen unter Ersatz des verdampfenden Wassers so lange (1 bis 2 Stunden), bis alles Zinn vom Eisen entfernt ist. Nach dem Erkalten gieße die gelbe Lösung[1] von dem Eisen klar ab, filtriere, wenn nötig, durch ein Sandfilter, und fälle das zum Sieden erhitzte Filtrat mit konz. Salzsäure. Das ausgeschiedene Zinnsulfid ist durch ein Stück Flanell zu kolieren oder abzunutschen und zu trocknen. Der voluminöse Niederschlag läßt sich schwer auswaschen, man reinigt daher zweckmäßig erst das Röstprodukt. Zum Trocknen breite das Zinnsulfid auf Ziegelsteine aus. Das Rösten des Zinnsulfids läßt sich in einer flachen Eisenschale oder auf einem Stück Eisenblech, auf welches man es in dünner Schicht ausbreitet, über einem gewöhnlichen Gasbrenner leicht bewerkstelligen, es ist als beendet anzusehen, wenn eine Probe, im Glühröhrchen erhitzt, keinen Schwefel mehr abscheidet. Das Zinnoxyd ist durch Chlornatrium verunreinigt, welches nunmehr durch Auskochen mit Wasser zu entfernen ist.

Die Reduktion des Zinnoxyds führt man am besten so aus, daß man die nach Gleichung 4 erforderliche Menge Cyankalium in einem hessischen Tiegel zum Schmelzen bringt, das scharfgetrocknete Oxyd portionsweise einträgt, indem man zugleich von Zeit zu Zeit die Schmelze mit einem Eisenstab umrührt und schließlich noch so lange erhitzt, bis der Tiegelinhalt in ruhigen Fluß gekommen ist.

Nach dem Zerschlagen des erkalteten Tiegels trenne den Regulus von der Schlacke (Kaliumcyanat) und verwende dieselbe zu dem folgenden Präparat.

Ausbeute: *20 bis 30 g Zinn.*

21. Carbamid (Harnstoff).

$CO(NH_2)_2$.

Roh- u. Hilfsstoffe: Kaliumcyanat, verdünnte Schwefelsäure, Ammoniak, Alkohol.

Kaliumcyanat setzt sich mit Ammoniumsulfat zu Kaliumsulfat und Ammoniumcyanat:

$$2KCNO + (NH_4)_2SO_4 = K_2SO_4 + 2NH_4CNO$$

[1] Wurde ein größerer Überschuß von Natriumsulfid verwendet, so erhält man eine durch kolloidales Schwefeleisen schwarz gefärbte Lösung, was jedoch die weitere Verarbeitung nicht beeinträchtigt.

um, welches in wäßriger Lösung beim Erwärmen eine molekulare Umlagerung zu Carbamid erleidet:

$$NH_4CNO = CO\begin{matrix}NH_2\\NH_2\end{matrix}.$$

Aufgabe: *Das bei Präparat 20B als Nebenprodukt gewonnene Kaliumcyanat soll in Harnstoff verwandelt werden.*

Ausführung: Koche die von dem Zinnregulus befreite Schlacke und die mit Schlacke bedeckten Scherben des Tiegels mit etwa $^1/_2$ l Ammoniumsulfatlösung aus, filtriere die Lösung und dampfe das Filtrat in einer Porzellanschale auf dem Wasserbade zur Trockne. Die Ammoniumsulfatlösung stelle durch Neutralisieren einer, der bei Präparat 20B verwendeten Cyankaliummenge entsprechenden Quantität verdünnter Schwefelsäure durch Ammoniak her.

Die Trennung des Harnstoffs von dem Kaliumsulfat (und etwa vorhandenem überschüssigen Ammoniumsulfat) erfolgt

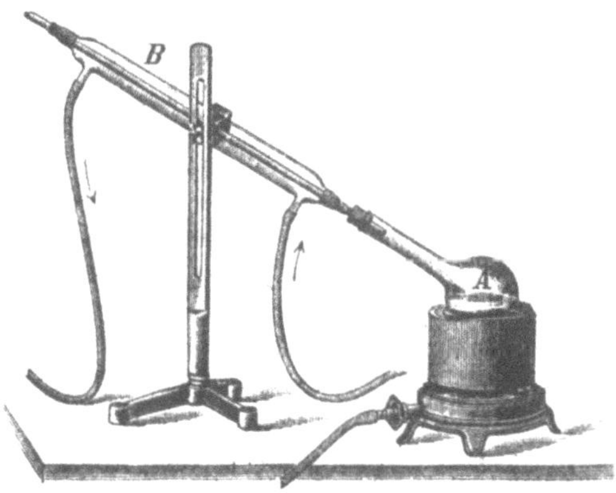

Fig. 19. Erhitzen am Rückflußkühler.

durch Auskochen des Rückstandes mit Alkohol am Rückflußkühler (Fig. 19). Der Rundkolben *A*, welcher den Rückstand und ungefähr 0,25 l Alkohol enthält, wird luftdicht mit dem Kühler *B* verbunden und hierauf auf dem Wasserbade erhitzt. Nachdem das Sieden des Alkohols eine halbe Stunde angedauert hat, drehe die Flamme unter dem Wasserbade aus, entferne den Kolben *A* vom Kühler und filtriere die Lösung in einen Kolben *C* mit kurzem Hals, ohne das Ungelöste, das sich bald zu Boden setzt, mit aufs Filter zu bringen. Hierauf verbinde den Kolben *C* durch ein spitzwinkelig gebogenes Glasrohr luftdicht mit dem Kühler (Fig. 20), schiebe den Kolben *A* mit dem Rückstand über das untere

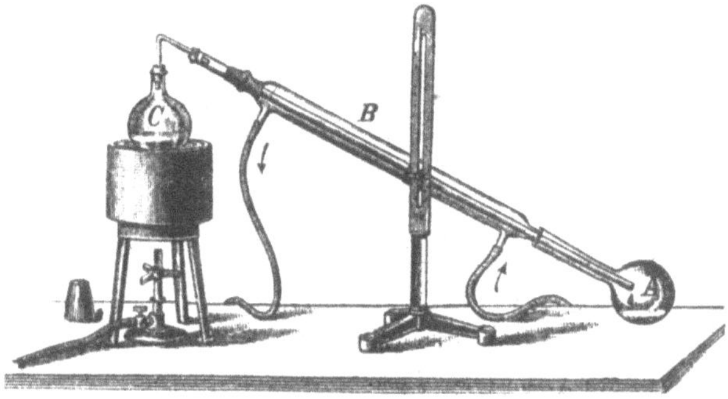

Fig. 20. Abdestillieren des Alkohols.

Ende des Kühlers, destilliere den Alkohol bis auf wenige Kubikzentimeter ab und gieße dieselben in ein Kristallisationsschälchen. Beim Erkalten scheidet sich der Harnstoff in flachen Prismen aus. Wiederhole das Auskochen des Rückstandes im Kolben *A* mit dem Destillat, bis sich aus demselben kein Harnstoff mehr ausziehen läßt. In der Regel genügen zwei Auskochungen.

Ausbeute: *30 bis 40 g Harnstoff aus 60 g Cyankalium statt ? g.*

Eigenschaften des Harnstoffs: Schmilzt auf Platinblech und zersetzt sich bei weiterem Erhitzen, ohne einen Rückstand zu hinterlassen. In Alkohol leicht löslich, noch leichter in Wasser. Aus der wäßrigen Lösung scheidet sich auf Zusatz von Salpetersäure schwerlösliches Harnstoffnitrat $CO(NH_2)_2 . HNO_3$, auf Zusatz von Quecksilberoxydnitrat die unlösliche Verbindung $2\,CO(NH_2)_2 . Hg(NO_3)_2 . 3\,HgO$ aus. (Harnstoffbestimmung nach Liebig.) Beim Behandeln mit unterbromigsaurem Natron

(Harnstoffbestimmung nach Knop-Hüfner) oder mit salpetriger Säure zerfällt das Carbamid in Kohlensäure und Stickstoff:

$$CO(NH_2)_2 + 3NaBrO = CO_2 + 2N + 2H_2O + 3NaBr,$$
$$CO(NH_2)_2 + 2HNO_2 = CO_2 + 4N + 3H_2O.$$

22. Bariumnitrat.

Roh- u. Hilfsstoffe: Gemahlener Schwerspat, Holzkohlenpulver, Salpetersäure.

Durch Glühen mit Kohle wird dem Bariumsulfat der Sauerstoff entzogen:

1) $$BaSO_4 + 4C = BaS + 4CO;$$

es entsteht Bariumsulfid, das durch Einwirkung von Salpetersäure zu Bariumnitrat umgesetzt wird:

2) $$BaS + 2HNO_3 = Ba(NO_3)_2 + H_2S.$$

Aufgabe: *100 g Schwerspat sollen in Bariumnitrat verwandelt werden.*

Ausführung: Erhitze das nach der Gleichung 1 hergestellte und auf das innigste verriebene Gemisch von Schwerspatmehl und feinstem Holzkohlenpulver in einem hessischen Tiegel etwa eine Stunde bis zur Rotglut. Der Inhalt des Tiegels soll nach dem Erkalten eine rötlichgraue, poröse, leicht zerbröckelnde Masse bilden.[1] Zerreibe dieselbe und trage sie portionsweise in Salpetersäure, nach der Gleichung 2 bemessen, ein. Die Salpetersäure ist mit so viel Wasser zu verdünnen, wie die Gesamtmenge des zu erwartenden Bariumnitrats zur Lösung in der Kälte erfordert. Bei dieser Verdünnung findet keine nennenswerte Oxydation des freiwerdenden Schwefelwasserstoffs zu Schwefelsäure, d. h. keine Rückbildung von Bariumsulfat statt.

Wenn alles Bariumsulfat eingetragen ist, vertreibe den Schwefelwasserstoff durch Erwärmen, filtriere und dampfe die Lösung zur Kristallisation ein. Die Mutterlauge gibt beim

[1] Erscheint der Inhalt des Tiegels noch pulverförmig, so glühe ihn nach dem Verreiben im Mörser von neuem.

weiteren Eindampfen noch brauchbare Kristalle, der letzte Rest kann durch Zusatz von Alkohol gefällt werden.

Ausbeute: *80 bis 90 Proz. der Theorie.*

Eigenschaften: Weiße, glänzende, reguläre Oktaeder, in Alkohol unlöslich.

23. Bariumperoxydhydrat.

BaO_2, $8aq$.

(**Zwischenprodukt:** *Bariumoxyd.*)

Roh- u. Hilfsstoffe: Bariumnitrat, Bariumhydrat, Salzsäure, Eis.

Beim Glühen von Bariumnitrat entsteht Bariumoxyd:

1) $$Ba(NO_3)_2 = BaO + 2NO_2 + O;$$

leitet man über dasselbe in der Hitze Luft, so bildet sich Bariumperoxyd:

2) $$BaO + O = BaO_2.$$

Wird dieses in der Kälte vorsichtig mit Salzsäure zersetzt, so entsteht eine wäßrige Lösung von Wasserstoffperoxyd:

3) $$BaO_2 + 2HCl = H_2O_2 + BaCl_2,$$

aus der auf Zusatz von Barytwasser kristallinisches Bariumperoxydhydrat ausfällt:

4) $$H_2O_2 + Ba(OH)_2 + 6H_2O = BaO_2, 8aq.$$

Aufgabe: *Verwandle das als Präparat 22 erhaltene Bariumnitrat in Bariumsuperoxydhydrat.*

Ausführung: Bringe das Bariumnitrat in einen hessischen Tiegel und erhitze denselben allmählich zur schwachen Rotglut. Der Inhalt des Tiegels erscheint nach dem Erkalten als grüngraue, harte, poröse Masse, die sich in der Regel nur nach dem Zerschlagen des Tiegels von den Wänden trennen läßt; sie ist sogleich in einer trockenen Büchse zu verwahren, damit sie nicht Wasser aus der Luft anziehe. Erhitze eine Probe im Glühröhrchen. Treten hierbei braune Dämpfe auf so ist die ganze Menge des Produktes nochmals im Tiegel auszuglühen.

Zur Verwandlung des Bariumoxyds in Bariumperoxyd bringe das Oxyd in erbsengroßen Stücken in eine etwa 1,5 cm weite Röhre aus schwer schmelzbarem Glase[1] und verschließe dieselbe an beiden Enden zunächst durch lose Asbestpfropfen, dann luftdicht durch Korkstopfen, in denen kurze Glasröhren stecken, so, daß sich bequem Kautschukschläuche über dieselben schieben lassen. Hierauf erhitze die Röhre in einem Verbrennungsofen zur dunklen Rotglut[2] und leite Luft durch dieselbe. Um ein Urteil über die Geschwindigkeit, mit welcher sich die Luft durch die Röhre bewegt, zu haben, verbinde das Ende derselben, durch welches die Luft eintritt, mit einer Waschflasche, die etwas konzentrierte Schwefelsäure enthält.

Das Durchleiten der Luft erfolgt am einfachsten mittels eines Doppelflaschen-Aspirators.

5 l Luft entsprechen etwa 1 g Sauerstoff.

Nach dem Erkalten wäge die Röhre; die Operation, die 2 bis 3 Stunden erfordert, ist als beendet anzusehen, wenn die Gewichtszunahme der Röhre annähernd der Theorie entspricht.

Verdünne die der Gleichung 3 entsprechende Menge Salzsäure mit so viel Wasser, daß eine 1 bis 2prozentige Säure entsteht, kühle dieselbe durch Einwerfen von Eisstücken ab und trage das gepulverte Bariumperoxyd nach und nach ein. Durch erneuten Zusatz von Eis ist die Lösung auf 0° zu erhalten. Hat sich nicht alles gelöst, so bringe den Bodensatz in einen Porzellanmörser und verreibe ihn wiederholt mit immer neuen Anteilen der Lösung, erforderlichenfalls unter Zusatz von etwas verdünnter Salzsäure, bis sich nichts mehr löst. Die vereinigten schwach sauren Lösungen sind zunächst durch Barytwasser zu neutralisieren oder ganz schwach alkalisch zu machen, was zur Folge hat, daß Verunreinigungen (Tonerde, Eisenoxyd aus den Tiegelwandungen) zur Abscheidung gelangen. Aus dem Filtrat fällt durch weiteren Zusatz von

[1] Die Länge der Röhre richtet sich nach der Länge des verfügbaren Verbrennungsofens; nach dem Beschicken ist die Röhre zu wägen.

[2] Bei etwa 550° (dunkle Rotglut, das Glühen ist nur im Dunkeln zu sehen) nimmt Bariumoxyd Sauerstoff aus der Luft auf (Gleichung 2); beim stärkeren Erhitzen auf etwa 700° findet rückwärts die Zersetzung des Peroxyds in Oxyd und Sauerstoff statt ($BaO_2 = BaO + O$). Hierauf beruht eine technische Gewinnungsart von Sauerstoff aus der Luft.

Barytwasser das Bariumperoxydhydrat aus. Nach dem Abfiltrieren und Auswaschen hebe dasselbe im feuchten Zustande (en pâte) auf.

Die Ausbeute *ist durch Titrieren mit Kaliumpermanganat* (*S.* 86) *zu ermitteln*:

$$5\,BaO_2 + 2\,KMnO_4 + 8\,H_2SO_4 = K_2SO_4 + 2\,MnSO_4 + 5\,BaSO_4 + 8\,H_2O + 5\,O_2.$$

Eigenschaften: Glänzende quadratische Blättchen; in Wasser unlöslich; zersetzt sich beim Aufbewahren (allmählich auch in feuchtem Zustande) in Bariumhydroxyd und Sauerstoff. Die Lösung einiger Kristalle in verdünnter Salzsäure mit Äther überschichtet und mit einer Spur Kaliumchromat versetzt, gibt Überchromsäure, die beim Umschütteln mit violetter Farbe in den Äther übergeht.

24. Kaliumbichromat.

$K_2Cr_2O_7$.

Roh- u. Hilfsstoffe: Feingemahlener Chromeisenstein, Natriumperoxyd, Chlorkalium, Salzsäure.

In der Technik wird Chromeisenstein in Flammöfen durch Erhitzen mit Kalk und Soda auf Rotglut bei gleichzeitiger Zuführung von Luft als Oxydationsmittel in Natriumchromat verwandelt:

$$2\,Cr_2O_3,\,FeO + 4\,CaO + 4\,Na_2CO_3 + 7\,O = 4\,Na_2CrO_4 + Fe_2O_3 + 4\,CaCO_3.$$

Bei oxydierend wirkenden Zuschlägen (Salpeter usw.) findet die Umwandlung leichter statt. Unter Verwendung von Natriumperoxyd läßt sich Chromeisenstein schon mit der Flammenhitze eines Bunsenbrenners oxydieren:

1) $2\,Cr_2O_3,\,FeO + 7\,Na_2O_2 = 4\,Na_2CrO_4 + Fe_2O_3 + 3\,Na_2O.$

Das Natriumchromat wird durch Salzsäure in Bichromat

2) $2\,Na_2CrO_4 + 2\,HCl = Na_2Cr_2O_7 + 2\,NaCl + H_2O$

verwandelt, welches sich mit Chlorkalium in das schwerer lösliche Kaliumsalz umsetzt:

$$Na_2Cr_2O_7 + 2KCl = K_2Cr_2O_7 + 2NaCl.$$

Aufgabe: *Verwandle 50 g Chromeisenstein in Kaliumbichromat.*

Ausführung: Glühe den möglichst fein zerriebenen Chromeisenstein in einer eisernen Schale, wie sie zu Sandbädern benutzt wird (Fig. 21) aus, um etwa zufällig beigemischte organische Stoffe zu verbrennen. Nach dem Erkalten vermische den Chromeisenstein in einer Porzellanschale mit der nach Gleichung 1 erforderlichen Menge pulverförmigen Natriumperoxyds[1] möglichst innig mit einem eisernen Spatel. Hierauf erhitze wenige Gramm des Gemisches in der Eisenschale, um festzustellen, daß die Einwirkung nicht explosionsartig vor sich geht. Tritt heftige Reaktion unter Verglimmen der Masse ein, so gib noch etwas Chromeisenstein zu der Mischung. Andernfalls füge nach dem Erkalten der Eisenschale die Hauptmenge hinzu und erhitze. Hierbei ist der Bunsenbrenner zunächst nicht unter die Mitte der Eisenschale zu stellen, sondern so, daß nur der Rand derselben an einer Stelle erhitzt wird (Fig. 21). Ist hier das Gemisch geschmolzen, so rückt man die Flamme längs des Randes der Schale weiter. Bisweilen tritt Aufblitzen und ein lebhaft knatterndes Geräusch auf. Es ist nicht ratsam, zu rühren, bevor die Schmelze im ruhigen Fluß ist, weil hierbei noch feuchte Teilchen plötzlich erhitzt werden und zum Spritzen Veranlassung geben können. (Augen schützen!)

Fig. 21. Darstellung von Kaliumchromat.

Rühre die Schmelze mit dem eisernen Spatel, über dessen Stiel ein Kork als Handhabe geschoben ist, fleißig um.

Wenn die Masse anfängt sich zu verdicken, entferne die Flamme. Fasse die Schale mit einer Zange und neige sie nach verschiedenen Richtungen, damit der Inhalt schalenförmig erstarrt. Nach dem Erkalten läßt sich dann durch

[1] Beim Arbeiten mit Natriumperoxyd ist Vorsicht nötig, insbesondere ist die Berührung von organischen Stoffen aller Art (Papier usw.) mit Natriumperoxyd zu vermeiden.

einige Hammerschläge auf die Rückseite der Schale der steinharte Inhalt leicht loslösen. Derselbe ist zunächst mit wenig kaltem Wasser zu behandeln; löst sich nichts mehr, dann gieße die durch feinverteiltes Eisenoxyd getrübte Flüssigkeit ab und erneuere portionsweise das Wasser. Beim Dekantieren bleibt unveränderter Chromeisenstein[1] als schweres schwarzes Pulver zurück, das mit Salzsäure auszukochen, zu trocknen und zu wägen ist, um die Menge des verarbeiteten Chromeisensteins zu erfahren.

Die nach dem Abfiltrieren von Eisenoxyd erhaltene intensiv gelb gefärbte Lösung neutralisiere mit konz. Salzsäure. Hierbei scheiden sich Tonerde, Kieselsäure usw., falls solche im Rohmaterial vorhanden waren, ab. In einer gewogenen Porzellanschale versetze das Filtrat noch mit so viel Salzsäure und Chlorkalium, wie dem verarbeiteten Chromeisenstein nach Gleichung 1 und 2 entspricht und dampfe auf dem Wasserbade ein. Allmählich scheidet sich Chlornatrium aus, welches aus der heißen Lösung zu entfernen („auszusoggen") ist. Hierzu eignet sich gut ein Teesieb mit Holzgriff (S, Fig. 20). Wenn der Inhalt der Schale etwa das dreifache der zu erwartenden Menge $K_2Cr_2O_7$ beträgt, lasse erkalten. Es scheidet sich dann das Kaliumbichromat aus, welches durch Umkristallisieren aus heißem Wasser zu reinigen ist.

Die maßanalytische Bestimmung von $K_2Cr_2O_7$ siehe S. 92.

25. Kaliumbijodat.

$KH(JO_3)_2$.

Erfordernisse: Kaliumchlorat, Jod.

Aus Jodiden macht bekanntlich Chlor (wie auch Brom) das Jod frei:

1) $$KJ + Cl = KCl + J.$$

Umgekehrt verdrängt Jod das Chlor aus Chloraten. Die Reaktion findet nach H. Klinger in folgender Weise statt:

2) $$2KClO_3 + 2J + H_2O = KH(JO_3)_2 + KCl + HClO.$$

[1] Derselbe kann zu späteren Operationen aufbewahrt werden, mit ihm geht die Reaktion in der Regel leichter vonstatten.

Die unterchlorige Säure verwandelt sich in der Wärme in Chlorsäure und Salzsäure, die unter Chlorentwickelung weiter aufeinander einwirken.

Aufgabe: *Verwandle 20 g Kaliumchlorat in Bijodat.*

Ausführung: Der Gleichung 2 entsprechend bringe in eine tubulierte Retorte von ca. $^1/_2$ l Inhalt 20 g Kaliumchlorat, 21 g Jod und 100 ccm Wasser. Befestige ein Thermometer in dem Tubus und erwärme den Inhalt der Retorte, deren Hals etwas nach oben zu richten ist, über einem Drahtnetz vorsichtig mit kleiner Flamme. Die Flüssigkeit färbt sich gelb, darüber treten violette Dämpfe auf, von denen bei langsamem Erhitzen nur sehr geringe Mengen in den Hals der Retorte gelangen. Die Reaktion beginnt bei 85° und ist bei 95° beendet. Es entweichen nur wenige Gasblasen (Chlor). Erhitze zum Sieden, bis die Flüssigkeit farblos geworden ist.

Beim Erkalten scheidet sich das Bijodat aus, welches durch Umkristallisieren aus heißem Wasser zu reinigen ist; bei 15° löst sich 1 Teil in 75 Teilen Wasser.

Die Ausbeute *an Rohprodukt beträgt 25 bis 30 g; aus dem Filtrat fällt Chlorbarium den Rest (2 bis 3 g) als Bariumbijodat.*

Die Reinheit des umkristallisierten Salzes läßt sich maßanalytisch (S. 92) leicht feststellen.

26. Salzsaures Hydroxylamin.[1]

$HONH_2 . HCl.$

(**Zwischenprodukt:** *Hydroxylamindisulfosaures Kalium.*)

Roh- u. Hilfsstoffe: Soda, konz. Schwefelsäure, Kaliumnitrit, Chlorkalium, Chlorbarium, Alkohol, Holzkohle, Eis.

Läßt man bei einer Temperatur von 0° 1 Mol. Kaliumnitrit auf 2 Mol. Mononatriumsulfit wirken,[2] so bildet sich:

$$1) \quad KNO_2 + 2 NaHSO_3 = HON\begin{matrix} SO_2ONa \\ SO_2ONa \end{matrix} + KHO,$$

[1] Von W. Lossen 1865 entdeckt und zuerst aus Salpetersäure-Äthylester dargestell

[2] Nach F. Raschig (D.R.P. Nr. 41987).

das Natriumsalz der Hydroxylamindisulfosäure, welches sich mit Chlorkalium in das schwerlösliche Kaliumsalz umsetzt:

2) $$HON(SO_3Na)_2 + 2KCl = HON(SO_3K)_2 + 2NaCl.$$

Kocht man die wäßrige Lösung mit Chlorbarium, so findet folgende Umsetzung statt:

3) $$\left\{\begin{array}{l} HON(SO_3K)_2 + 2BaCl_2 + 2H_2O = HONH_2.HCl \\ \qquad + 2BaSO_4 + HCl. \end{array}\right.$$

Vom Chlorkalium läßt sich das salzsaure Hydroxylamin durch Alkohol trennen, in welchem dieses löslich, jenes unlöslich ist.

Aufgabe: *Verwandle 106 g kalzin. Soda in Mononatriumsulfit und verwende die Lösung desselben zur Herstellung des Präparates.*

Ausführung: Leite in die kalt gesättigte Sodalösung einen lebhaften Strom Schwefeldioxyd so lange, bis eine Probe der Lösung auch nach dem Umschütteln noch stark nach Schwefeldioxyd riecht. — Dauer der Operation: 2 bis 3 Stunden.

Zur Darstellung des Schwefeldioxyds fülle einen Rundkolben von ungefähr 1 l Inhalt bis zum Halse mit nußgroßen Stücken trockener Holzkohle, füge so viel konz. Schwefelsäure hinzu, daß der Kolben etwa zur Hälfte damit gefüllt wird und erhitze den Kolben auf einem Sandbade (Apparat wie Fig. 1, S. 2).

$$2H_2SO_4 + C = 2SO_2 + CO_2 + 2H_2O.$$

Löse die nach Gleichung 1 erforderliche Menge Kaliumnitrit in 0,5 l Wasser, kühle die Lösung und ebenso die Lösung des Mononatriumsulfits durch Einwerfen von Eisstücken auf 0° ab. Hierauf umgib den Glaskolben, welcher die Nitritlösung enthält, mit zerstoßenem Eis und füge portionsweise die Sulfitlösung hinzu, so daß die Temperatur des Gemisches sich nicht über 4° erhöht. Dann gieße die zur Verwandlung des Natriumsalzes in das Kaliumsalz nach Gleichung 2 erforderliche Menge Chlorkalium in kaltgesättigter, mit Eis gekühlter Lösung hinzu und lasse die Mischung über Nacht stehen. Das sich in festen Kristallkrusten ausscheidende hydroxylamindisulfosaure Kalium filtriere ab und wäge nach dem Trocknen zwischen Fließpapier. (Ausbeute bis 80 Prozent der Theorie.)

Zur Überführung in salzsaures Hydroxylamin löse das

Kalisalz in der fünffachen Menge heißen Wassers, gib die nach Gleich ng 3 berechnete Menge Chlorbarium in heißgesättigter Lösung hinzu und erhitze das Gemisch etwa 1 Stunde zum Kochen. Enthält die Lösung noch Schwefelsäure, so füge Chlorbarium hinzu, bis in einer abfiltrierten Probe kein Niederschlag mehr entsteht. Das vom Bariumsulfit getrennte Filtrat dampfe auf dem Wasserbade zur Trockne und ziehe den Rückstand mit etwa 0,25 l Alkohol wiederholt am Rückflußkühler aus. (Vergleiche bei Harnstoff S. 53.)

Ausbeute: *20 bis 30 g salzsaures Hydroxylamin.*

Eigenschaften des Hydroxylamins: Kristallisiert aus Wasser in Blättchen, aus Alkohol in monoklinen Kristallen. Zersetzt sich beim Erhitzen auf Platinblech, ohne einen Rückstand zu hinterlassen. Die wäßrige Lösung wirkt nach Zusatz von Alkali stark reduzierend. Durch Reduktion von Kupferoxydsalzen (vgl. S. 19) läßt sich noch 0,0001 salzsaures Hydroxylamin erkennen (Lossen).

27. Phosphorpentachlorid.

PCl_5.

Roh- u. Hilfsstoffe: Roter Phosphor, Kochsalz, Braunstein, konz. Schwefelsäure.

Chlor verwandelt roten Phosphor in der Hitze in Phosphorpentachlorid:

1) $P + 5\,Cl = PCl_5$.

Aufgabe: *20 g roter Phosphor sollen in Phosphorpentachlorid verwandelt werden.*

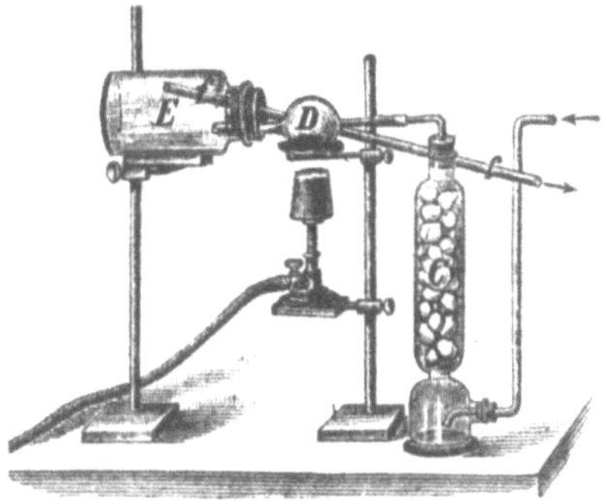

Fig. 22. Zur Darstellung von Phosphorpentachlorid.

Apparat: Zur Entwickelung des Chlors genügt ein Rundkolben von 2 l Inhalt; derselbe ist mit einer Waschflasche, die etwas konzentrierte Schwefelsäure enthält, zu verbinden (*A* und *B*, Fig. 1), an die sich, um das Chlor vollständig zu trocknen, ein U-Rohr oder ein Skrubber (*C* in Fig. 22) mit von Schwefelsäure durchtränkten Bimssteinstücken anschließt. Zur

Aufnahme des Phosphors dient das Kugelrohr D, das man sich aus einem Rundkölbchen von etwa 200 ccm Inhalt durch Anschmelzen eines Glasrohrs an die Mitte des Bodens herstellt. Die Kugel des Kölbchens ruht auf einem kleinen Sandbade. Der möglichst kurze, 15 bis 20 mm weite Hals des Kölbchens ist durch den Korkstopfen geführt, welcher die weithalsige Vorratsflasche E verschließt, und welcher noch ein 30 bis 40 cm langes Glasrohr f, wie es die Figur zeigt, trägt, weit genug, um im Falle des Verstopfens mit einem Glasstab hindurchstoßen zu können. Der Stopfen, der nicht luftdicht zu schließen braucht, ist mit geschmolzenem Paraffin getränkt. Den Apparat stelle unter einem Abzug auf. Versäume nicht, die Vorratsflasche zu tarieren!

Ausführung: Nachdem der gut getrocknete Phosphor in die Kugelröhre D gebracht ist, fülle den Chlorentwickelungskolben, wie S. 38 angegeben worden ist, und verwende hierzu so viel Material, als der $1\frac{1}{2}$ fachen Menge des nach der Gleichung 1 erforderlichen Chlors entspricht. Nun zünde ein kleines Flämmchen unter dem Sandbade an und reguliere die Temperatur entsprechend der Chlorentwickelung. Anfangs, und wenn das Chlor nicht vollständig trocken ist, entweicht Salzsäure und Phosphoroxychlorid durch das Rohr f.[1] Später bemerkt man im Innern der Kugel Aufleuchten des im Chlorstrom verbrennenden Phosphors. Die Kugelröhre ist bisweilen, besonders gegen Ende der Operation, um ihre Achse zu drehen, um das an die kälteren Glaswandungen sublimierte Produkt zu verjagen. Die nicht flüchtigen Verunreinigungen des Phosphors bleiben in der Kugel zurück und sind qualitativ zu untersuchen; das in dem Halse der Kugelröhre festsitzende Phosphorpentachlorid läßt sich leicht in die Vorratsflasche kratzen. — Dauer der Operation: 2 bis 3 Stunden.

Ausbeute: *80 bis 90 Prozent der Theorie.*

Eigenschaften: Schwach gelblich gefärbte, kristallinische Masse, die an feuchter Luft raucht und sich mit wenig Wasser in Salzsäure und Phosphoroxychlorid, mit viel Wasser in Salzsäure und Phosphorsäure zersetzt:

$$PCl_5 + H_2O = POCl_3 + 2HCl,$$
$$PCl_5 + 4H_2O = H_3PO_4 + 5HCl.$$

[1] Wenn der Phosphor arsenhaltig ist, auch Arsentrichlorid.

28. Monochlorschwefelsäure.

$SO_2 . OH . Cl.$

(*Sulfurylhydroxylchlorid.*)

(**Zwischenprodukt:** *Wasserfreie Schwefelsäure.*)

Roh- u. Hilfsstoffe: Konz. Schwefelsäure, rauchende Schwefelsäure, Phosphorpentachlorid.

Fügt man zu wasserfreier Schwefelsäure Phosphorpentachlorid:

$$H_2SO_4 + PCl_5 = SO_2 {OH \atop Cl} + POCl_3 + HCl,$$

so entsteht neben Salzsäure Monochlorschwefelsäure und Phosphoroxychlorid; dieses wirkt weiter auf Schwefelsäure ein, wobei sich wieder Monochlorschwefelsäure und Metaphosphorsäure bilden:

$$POCl_3 + 2 H_2SO_4 = 2 SO_2 {OH \atop Cl} + PO_2OH + HCl.$$

Aufgabe: *Verwandle 150 g wasserfreie Schwefelsäure in Monochlorschwefelsäure.*

Ausführung: 1. Darstellung der wasserfreien Schwefelsäure (H_2SO_4). Bestimme durch Titrieren (Seite 82):

a) den Gehalt von H_2SO_4 und H_2O in der konzentrierten Schwefelsäure;

b) den Gehalt an H_2SO_4 und SO_3 in der rauchenden Schwefelsäure;

und mische beide in dem Verhältnis zusammen, daß H_2SO_4 resultiert:

$$(a H_2SO_4 + x H_2O) + \left(b H_2SO_4 + \frac{80}{18} x SO_3\right) = \left(a + b + \frac{98}{18} x\right) H_2SO_4,$$

d. h. es ist so zu mischen, daß auf jedes Gramm H_2O in der konz. Schwefelsäure $\frac{80}{18} = 4 \cdot 44$ g SO_3 kommen.

2. Darstellung des Chlorids. Bringe die wasserfreie Schwefelsäure in einen Rundkolben von etwa 1,5 l Inhalt und gib mit einem Porzellanspatel portionsweise die nach der Formel:

$$3 SO_2 {OH \atop OH} + PCl_5 = 3 SO_2 {Cl \atop OH} + PO_2OH + 2 HCl$$

berechnete Menge Phosphorpentachlorid hinzu. Die Reaktion ist heftig. (Dauer der Operation $^1/_2$ Stunde.) Hierauf erwärme den Kolben auf einem Sandbade, bis keine Salzsäure mehr entweicht, gieße das Produkt in eine tubulierte Retorte *A* (Fig. 14, S. 41) und destilliere auf einem Sandbade das Chlorid ab. Die tubulierte Vorlage *B* ist gut zu trocknen und so an die Retorte zu befestigen, daß das Destillat frei herabfallen kann. Wenn das Thermometer 160° zeigt, ist die Destillation zu unterbrechen. Der Rückstand in der Retorte besteht aus Metaphosphorsäure und unveränderter Schwefelsäure. Das Destillat wird aus einem Fraktionierkolben (Fig. 15, S. 41), der mit einem Kühler zu verbinden ist, rektifiziert und ist in einer (trockenen) Glasflasche mit Glasstopfen aufzubewahren.

Ausbeute: *Ungefähr 80 Prozent der Theorie.*

Eigenschaften: Siedepunkt 153°. Raucht an feuchter Luft und zersetzt sich allmählich zu Schwefelsäure und Salzsäure; beim Eintropfen in Wasser findet die Zersetzung mit explosionsartiger Heftigkeit statt.

29. Amidosulfonsäure.

(Sulfaminsäure.)

$SO_2 . OH . NH_2$.

A. Aus Monochlorschwefelsäure.

(Zwischenprodukt: *Imidosulfonsaures Barium.*)

Roh- u. Hilfsstoffe: Monochlorschwefelsäure, Ammoniakgas, Chlorbarium, gebrannter Kalk, Ätznatron, Chloroform, Glyzerin.

Aufgabe: *Das als Präparat 28 erhaltene Sulfurylhydroxylchlorid*[1] *soll in Sulfaminsäure verwandelt werden.*

Bei der Einwirkung von gasförmigem, trockenem Ammoniak in der Kälte entsteht neben Salmiak vorzugsweise[2] Imidosulfonsäure als Ammoniumsalz:

[1] In der Regel werden 130 g Sulfurylchlorid als Präparat 28 erhalten, es sollen nicht weniger als 100 g verarbeitet werden.

[2] Daneben bildet sich, insbesondere wenn das Ammoniak nicht ganz trocken ist, mehr oder weniger Schwefelsäure:

$$NH(SO_3H)_2 + 2H_2O = 2H_2SO_4 + NH_3.$$

Die Schwefelsäure und ebenso die Imidosulfonsäure vereinigen sich mit dem in Überschuß vorhandenen Ammoniak zu Ammoniumsalzen. Freie Imidosulfonsäure ist nicht bekannt.

$$1) \qquad 2SO_2\begin{matrix}Cl\\OH\end{matrix} + 5NH_3 = N\begin{cases}SO_2NH_4\\SO_2NH_4\\H\end{cases} + 2NH_4Cl.$$

Das in Wasser ziemlich leicht lösliche, imidosulfonsaure Ammonium läßt sich vom Salmiak nicht durch Umkristallisieren trennen.

Durch Versetzen mit einer hinreichenden Menge von Chlorbarium entsteht in ammoniakalischer Lösung das basische Bariumsalz, in welchem auch der Imidwasserstoff durch Barium vertreten ist:

$$Ba\begin{matrix}OSO_2\\OSO_2\end{matrix}N.Ba.N\begin{matrix}SO_2O\\SO_2O\end{matrix}Ba,$$

dieses Salz ist in Wasser unlöslich und kann daher leicht vom Salmiak getrennt werden.

Übergießt man das basische Salz mit wenig verdünnter Salzsäure, so entsteht das kristallinische normale Bariumsalz:

$$N_2Ba_3(SO_3)_4 + 2HCl = 2N\begin{cases}SO_2O\\SO_2O\\H\end{cases}\!\!Ba + BaCl_2,$$

welches beim Kochen mit Wasser in Sulfaminsäure und Bariumsulfat zerfällt:

$$N\begin{cases}SO_2O\\SO_2O\\H\end{cases}\!\!Ba + H_2O = N\begin{cases}SO_2OH\\H\\H\end{cases} + BaSO_4.$$

Apparat: Der zur Entwickelung des Ammoniaks dienende Kolben ist mit einer Waschflasche (A und B, Fig. 1, S. 2) und diese wiederum mit zwei Skrubber (C und D, Fig. 23) zu verbinden, von denen der eine (C) mit nußgroßen Stücken gebrannten Kalks, der andere (D) mit kurzen Stängelchen Ätznatron gefüllt ist. Aus D gelangt das trockene Ammoniak durch das leicht auf- und abwärts bewegliche T-Rohr f, dessen obere Öffnung durch einen Korkstopfen verschlossen ist, in das dickwandige Glasgefäß E von 1 bis 2 l Inhalt. Dasselbe steht zugleich mit einem auf-

Fig. 23. Zur Darstellung der Amidosulfonsäure.

steigenden Kühler (*B*, Fig. 19, S. 53) in Verbindung, welcher in der Richtung des Pfeils (Fig. 23) in die Öffnung des oben erweiterten Knierohres *g* zu befestigen ist.

Ausführung: Mische das Sulfurylhydroxylchlorid mit der $2^1/_2$fachen Menge Chloroform, das zuvor durch Chlorcalcium getrocknet worden ist, und bringe das Gemisch in den Kolben *E*. Das Ammoniakgas ist wie bei Präparat 2, S. 6, oder durch gelindes Erwärmen von konzentriertem Ammoniak zu bereiten. Das Gas soll völlig trocken nach *E* gelangen. Mit dem beschriebenen Apparate läßt sich ein lebhafter Gasstrom trocknen, wenn man, um zu vermeiden, daß das Gas Feuchtigkeit aus der Waschflasche aufnimmt, in dieselbe Glyzerin als Sperrflüssigkeit füllt. Dem T-Rohr *f* gib zunächst eine solche Stellung, wie es die Fig. 23 zeigt, später, wenn die Gefahr des Verstopfens nicht mehr so groß ist, läßt man es in die Flüssigkeit eintauchen.

Das beim Einleiten von Ammoniak in Sulfurylhydroxylchlorid entstehende imidosulfonsaure Ammonium ist in Chloroform unlöslich und scheidet sich daher neben Salmiak aus. Eine Verstopfung des T- oder des Kühlrohrs läßt sich leicht mechanisch beseitigen.

Das Reaktionsgemisch erwärmt sich; das hierbei verdampfende Chloroform wird in dem Rückflußkühler verdichtet und tropft in den Kolben *E* zurück. Die Beendigung der Reaktion wird durch das Kaltwerden des Kolbeninhalts angedeutet, der alsdann auch nach längerem Stehen deutlich nach Ammoniak riecht. — Dauer der Operation: 3 bis 4 Stunden.

Filtriere von dem festen Rückstand das Chloroform ab, befreie es von Ammoniak durch Schütteln mit Wasser im Scheidetrichter und reinige es durch Destillation im Wasserbade[1] (Fig. 20, S. 54). Von dem Rückstand auf dem Filter löse eine Probe in Wasser. Tritt hierbei eine Erwärmung ein, oder reagiert die Lösung sauer,[2] so bringe den Rückstand vom Filter in den Kolben zurück und leite von neuem Ammoniak

[1] Auf diese Weise lassen sich leicht $^2/_3$ des angewendeten Chloroforms wieder gewinnen.

[2] Dies ist der Fall, wenn noch unverändertes Sulfurylhydroxylchlorid vorhanden ist:

$$SO_2OHCl + H_2O = H_2SO_4 + HCl.$$

in denselben, ohne ihn mit dem Kühler zu verbinden, bis sich eine Durchschnittsprobe des im Mörser gut verriebenen Produktes in Wasser mit alkalischer Reaktion löst. Das trockene weiße Pulver (imidosulfonsaures Ammonium und Salmiak) löse im Kolben mit kaltem Wasser, säuere die Lösung mit Salzsäure schwach an, und füge eine kalt gesättigte Lösung von so viel Chlorbarium, wie der $1^1/_2$ fachen Gewichtsmenge des verarbeiteten Sulfuryloxychlorids entspricht, hinzu. Von dem ausgeschiedenen Bariumsulfat filtriere die Lösung in ein Gefäß ab, das verdünntes Ammoniak in genügender Menge enthält, so daß das Filtrat dauernd alkalisch bleibt; es scheidet sich dann basisch imidosulfonsaures Barium aus. Dasselbe ist abzufiltrieren, durch Drücken zwischen Fließpapier von der Feuchtigkeit möglichst zu befreien und in Wasser zu suspendieren. Zu dem in möglichst wenig Wasser suspendierten Bariumsalz füge rasch hintereinander so viel (nicht mehr!) verdünnte Salzsäure, wie gerade zur Lösung erforderlich ist. Sehr bald, werden die Wandungen des Glases mit einem Glasstab gerieben, fast sofort, scheidet sich das normale imidosulfonsaure Barium ($NH[SO_3]_2Ba$) kristallinisch ab, das nach beendeter Ausscheidung abzufiltrieren und zwischen Papier abzupressen ist.

Um die Amidosulfonsäure zu gewinnen, suspendiere das normale imidosulfonsaure Barium in der gleichen Gewichtsmenge Wasser und erwärme die Mischung auf dem Wasserbade (ungefähr $^1/_2$ Stunde), bis eine Probe unter dem Mikroskop keine Kristalle mehr erkennen läßt. Dann filtriere das Bariumsulfat ab und stelle das Filtrat (ohne Waschwasser) unter den Exsikkator. Nach 1 bis 2 Tagen oder nach längerem Stehen scheidet sich die Amidosulfonsäure in schönen Kristallen aus.

B. Aus Hydroxylamin.[1]

Roh- u. Hilfsstoffe: Salzsaures Hydroxylamin, Schwefeldioxyd.

Schwefeldioxyd wirkt auf in Wasser gelöste Hydroxylaminsalze unter Bildung von Amidosulfonsäure ein:

$$OH.NH_3 + SO_2 = SO_2 \cdot OH \cdot NH_2.$$

[1] Nach Raschig.

Aufgabe: *Verwandle das als Präparat 26 erhaltene salzsaure Hydroxylamin in Amidosulfonsäure.*

Ausführung: Löse das salzsaure Hydroxylamin in wenig Wasser und leite in die Lösung längere Zeit Schwefeldioxyd (vgl. S. 62). Nach beendeter Reaktion scheidet sich beim Wiedererkalten der Lösung, erforderlichenfalls beim Einengen derselben auf dem Wasserbade, Amidosulfonsäure aus. Dieselbe ist von hartnäckig anhaftendem Hydroxylaminsalz durch Umkristallisieren aus Wasser zu reinigen.

Eigenschaften der Amidosulfonsäure: Wasserhelle, rhombische Kristalle. Die wäßrige Lösung gibt mit Bariumchlorid keinen Niederschlag (Unterschied von Schwefelsäure) und wirkt nicht reduzierend; kocht man dieselbe nach Zusatz einer Mineralsäure, so zersetzt sie sich allmählich unter Bildung von Schwefelsäure und Ammoniak:

$$SO_2 \cdot OH \cdot NH_2 + H_2O = H_2SO_4 + NH_3 = NH_4HSO_4.$$

30. Nickeltetrakarbonyl.

$Ni(CO)_4$.

Erfordernisse: Nickeloxyd, Bimsstein, Wasserstoff, Ferrocyankalium, konzentrierte Schwefelsäure, flüssige Kohlensäure.

Läßt man Kohlenoxyd in geeigneter Weise auf sehr fein verteiltes Nickel einwirken, so entsteht:

$$Ni + 4\,CO = Ni(CO)_4,$$

Nickeltetrakarbonyl, eine leicht bewegliche, farblose Flüssigkeit, die bei 43° siedet und bei − 25° kristallinisch erstarrt.

Die Reaktion verläuft am besten zwischen 30° und 60°, sie ist jedoch nicht quantitativ, es bleibt stets eine große Menge Kohlenoxyd unverändert. Das Kohlenoxyd führt das Karbonyl mit sich fort; da das überschüssige Kohlenoxyd auch für Temperaturen unter 0° mit Karbonyldampf nicht gesättigt ist, läßt sich dieses nicht mit Eis, meistens auch nicht mit einer Kältemischung von Eis und Kochsalz verdichten. Man verwendet zu diesem Zwecke am besten feste Kohlensäure und

Äther und erhält dann das Nickeltetrakarbonyl zunächst als feste, kristallinische Masse, die sich dann bei gewöhnlicher Temperatur verflüssigt.

Vorbereitungen: Das Nickel ist durch Reduktion von Nickeloxyd mittels Wasserstoff darzustellen:

$$NiO + 2H = Ni + H_2O.$$

Um dem Nickeloxyd eine möglichst große Oberfläche zu geben, verwende Bimssteinstücke von Erbsengröße, wie sie aus grob zerkleinertem Bimsstein mit Hilfe von zwei passenden Sieben leicht erhalten werden können (vgl. S. 9). Vermische feinpulveriges Nickeloxyd in einem kleinen Kölbchen mit wenig Wasser zu einem Schlamm, füge die Bimssteinstücke hinzu und schüttele tüchtig um. Hierbei dringt das Nickeloxyd in die Poren des Bimssteins, in denen es auch nach dem Trocknen ziemlich fest

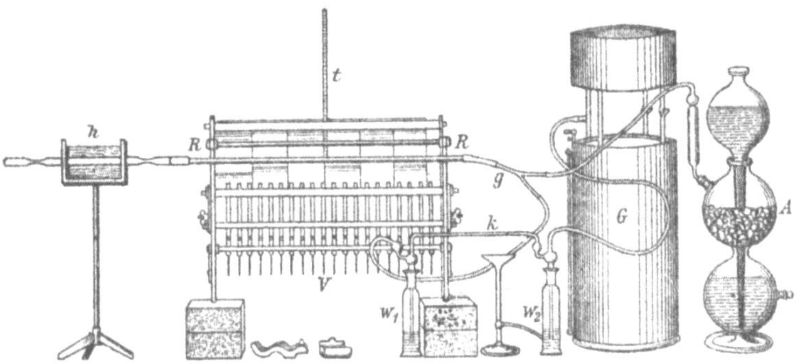

Fig. 24. Darstellung von Nickelkarbonyl.

haftet. Die gut getrockneten Bimssteinstückchen sind in ein schwer schmelzbares Glasrohr von ca. 8 bis 10 mm lichter Weite zu füllen, dessen Länge sich nach dem verfügbaren Verbrennungsofen (*V*, Fig. 24) richtet und an beiden Seiten durch lockere Asbestpfropfen festzuhalten. Es ist zweckmäßig, das gefüllte Rohr an beiden Enden etwas auszuziehen, um eine bequeme Verbindung mit Gummischläuchen herstellen zu können.

Das Nickeloxyd ist unmittelbar vor der Darstellung des Karbonyls bei 400° zu reduzieren. Zur Erzielung dieser Temperatur genügt die halbe Flammenhöhe der Brenner. Der Wasserstoff, der am einfachsten einem Kippschen Apparat (*A*) entnommen wird, ist durch konzentrierte Schwefelsäure zu trocknen. Die Reaktion ist beendet, wenn aus dem Rohr kein Wasserdampf mehr entweicht.

Zur Darstellung der Kohlenoxyds verwende Ferrocyankalium (gelbes Blutlaugensalz) und konz. Schwefelsäure, welche beim Erwärmen nach folgender Gleichung aufeinander einwirken:

$$K_4Fe(CN)_6 + 6H_2SO_4 + 6H_2O = 2K_2SO_4 + FeSO_4 + 3(NH_4)_2SO_4 + 6CO.$$

Das Kohlenoxyd ist zunächst in einem Gasbehälter aus Zinkblech von ca. 20 l Inhalt, wie er zum Experimentieren mit Gasen vielfach gebraucht wird, zu sammeln, damit bei der Darstellung des Präparates der Gasstrom nach Bedarf reguliert werden kann

In einen Glaskolben von $1\frac{1}{2}$ bis 2 l Inhalt bringe 100 g Ferrocyankalium und die achtfache Menge konz. Schwefelsäure, verbinde denselben mit einer Waschflasche, die etwas Natronlauge enthält, um im Anfang der Reaktion auftretendes Schwefeldioxyd zu entfernen. Erwärme den Inhalt des Kolbens über einem Drahtnetz oder auf einem Ostwaldschen Gasofen (Fig. 13, S. 38). Sobald die Gasentwickelung lebhafter wird, lösche die Flamme, um ein Überschäumen des Kolbeninhaltes zu vermeiden. Das Kohlenoxyd ist durch den nahe am Boden des Gasometers befindlichen Tubus einzuleiten, jedoch erst, nachdem man sich mit einer im Reagenzrohr aufgefangenen Probe von der Brennbarkeit des Gases überzeugt hat.

Der Apparat: An das mit den Bimssteinstücken gefüllte, in der Rinne des Verbrennungsofens liegende Rohr füge ein Gabelrohr *g* mit Quetschhähnen an beiden Gabelungen; die eine Gabelung verbinde mit der Waschflasche des Kippschen Wasserstoffapparates, die andere mit der konz. Schwefelsäure enthaltende Waschflasche w_1. Zur Entfernung von Sauerstoffresten schalte ein Röhrchen mit Kupfer,[1] das mit einer kleinen Flamme zu erhitzen ist, ein und bringe zwischen diesem Röhrchen und dem Gasometer noch eine Waschflasche w_2 mit konz. Schwefelsäure zum Trocknen des Kohlenoxyds an.

Die Verdichtung des Nickeltetrakarbonyls erfolgt zweckmäßig in einem an beiden Enden kapillar ausgezogenen Glasrohr *g*, das durch die seitlichen Bohrungen des zur Aufnahme der Kältemischung bestimmten Holzkästchens *k* zu stecken und mit der im Verbrennungsofen liegenden Röhre zu verbinden ist.

Ausführung: Zunächst reduziere das Nickel in der angegebenen Weise und lasse es im Wasserstoffstrom bis ca. 60° erkalten. Nun entzünde das Flämmchen unter dem Kupferröhrchen und leite Kohlenoxyd in mäßigem Tempo durch den Apparat so, daß es aus dem Verdichtungsröhrchen mit kleiner Flamme brennt. Um die Temperatur im Nickelrohr zwischen 30° und 60° zu halten, genügt in der Regel eine Flamme des Verbrennungsofens; das Thermometer *t* dient zur Kontrolle.

[1] Durch Reduktion von Kupferoxyd mit Wasserstoff hergestellt.

Sobald die Bildung von Nickelkarbonyl beginnt, fängt das Kohlenoxydflämmchen an zu leuchten. Hält man eine Porzellanschale in die leuchtende Flamme, oder erhitzt man den aus dem Kästchen hervorragenden Teil des Kondensationsröhrchens mit einer Flamme, so erscheint ein glänzender Metallspiegel.

Umgib das Kondensationsröhrchen mit einem breiigen Gemisch von fester Kohlensäure und wenig Äther und setze den Versuch $1^1/_2$ bis 2 Stunden fort. Das Nickeltetrakarbonyl scheidet sich an den inneren Wandungen des Kondensationsröhrchens als weiße, kristallinische Masse ab. Löse das Kästchen mit dem Röhrchen vom Apparat los und schmelze die kapillar ausgezogenen Enden zu. Der Inhalt des Röhrchens taut allmählich zu einer wasserhellen Flüssigkeit auf.

In der angegebenen Zeit gelingt es leicht, 3 bis 5 g Nickeltrikarbonyl zu erhalten.

Wenige Grade über den Siedepunkt 43° erhitzt, zersetzt sich reines Nickeltetrakarbonyl explosionsartig.

Zweiter Teil.

Maßanalytische Untersuchung der Präparate.

Allgemeines.

Erfordernisse: Meßapparate, Titersubstanzen, Normal-Schwefelsäure und Indikatoren.

Die wichtigsten Meßapparate sind:

1. Meßkolben und Meßzylinder. Die Meßkolben dienen zum Abmessen bestimmter Flüssigkeitsmengen, sie haben daher nur eine Marke am Halse. Die Meßzylinder sind mit einer fortlaufenden Teilung versehen, ermöglichen somit das Messen beliebiger Mengen.

Die Kontrolle der Meßgefäße erfolgt durch Wägungen. Man ermittelt z. B. zunächst das Gewicht des trockenen Literkolbens, dann legt man zum Kolben eine „Zulage", auf die andere Seite der Wage 1 K. und füllt nun destilliertes Wasser von 15° in den Kolben, bis der unterste Teil des Meniskus von der Ebene der ringförmigen Marke gerade tangiert wird. Die Größe der Zulage ist abhängig von der Temperatur des Wassers, der Luft, vom Barometerstand usw., sie beträgt z. B. bei 15° und 760 mm 1,937 g, also rund 2 g.[1]

Von der kaiserlichen Normaleichungskommission in Berlin ist der Fehler für ein 1000 ccm-Kolben auf Einguß 0,22 g, auf Ausguß das Doppelte zugelassen.

2. Die Pipetten ermöglichen kleinere Mengen (bis 100 ccm) genau abzumessen. Die in der Mitte erweiterte Röhre ist unten zu einer Spitze ausgezogen, oberhalb der Erweiterung befindet sich die Marke. Die Eichung der Pipetten erfolgt durch „Auslauf". Hierbei bleibt in der kapillaren Spitze nach dem Abstreichen (nicht Ausblasen!) stets eine bestimmte geringe Menge Flüssigkeit zurück, welche nicht zu dem auf der Pipette verzeichneten Inhalt gehört.

---

[1] Die Werte für andere Temperaturen und Barometerstände entnimm aus der Zulagentafel von W. Schlösser, Ztschr. f. angew. Ch. 1903, S. 960.

3. Die Büretten sind fortlaufend in 0,1 ccm geteilt und so eingerichtet, daß sie auch ein tropfenweises Auslaufen gestatten. Neben der Glashahnbürette (Fig. 25) ist die alte Gay-Lussacsche Bürette (Fig. 26) noch vielfach im Gebrauch. Richtig geformte Auslauföffnung und einige Übung, die sich leicht aneignen läßt, vorausgesetzt, leistet sie gute Dienste.

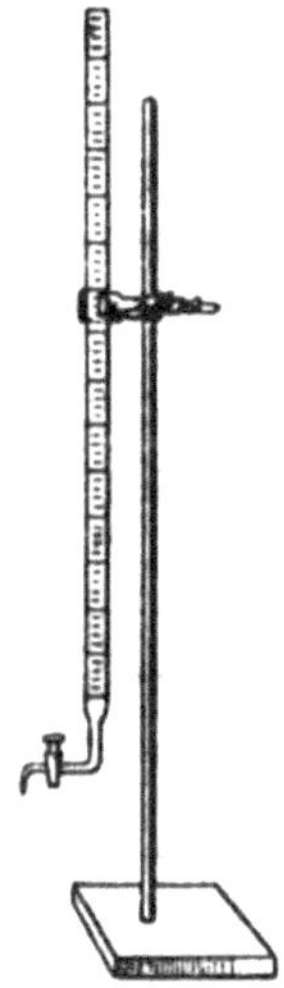

Fig. 25. Glashahnbürette.

Fig. 26. Gay-Lussacsche Bürette.

Bei der Benutzung einer Bürette mit Glashahn ist darauf zu achten, daß derselbe nicht leckt und nicht „festbrennt"; auch ist ein Stativ zum Halten der Bürette nötig.

Besondere Vorrichtungen, welche zum sicheren Ablesen der Büretten im Gebrauch sind, werden entbehrlich, wenn man den Meniskus stets in dieselbe Ebene bringt. Es läßt sich dies, sofern man den Standort nicht wechselt, leicht erreichen, indem man die Bürette oberhalb der Teilung locker mit den Fingern faßt, auspendeln läßt und nach einem annähernd in gleicher Höhe liegenden Mauersims oder einer anderen passenden Horizontalen visiert.

Die Titersubstanzen, Normallösungen und Indikatoren richten sich nach der Art der Untersuchungen, die in alkalimetrische und acidimetrische, in Oxydations- und Reduktionsanalysen, Jodometrie und in Fällungsanalysen zusammengefaßt werden.

I. Alkalimetrie und Acidimetrie.

Erfordernisse: 1. **Titersubstanzen**: a) Natriumkarbonat Na_2CO_3) stellt man am besten aus chlor- und schwefelsäurefreiem Natriumbikarbonat durch schwaches Glühen im Platintiegel zum jedesmaligen Gebrauche frisch dar. Es kann auch die als Präparat 6, S. 14, erhaltene Kristallsoda nach dem Entwässern und Glühen Verwendung finden.

b) Kristallisierte Oxalsäure ($C_2H_2O_4$, $2aq$). Löse 500 g reine käufliche Säure in 500 g siedender reiner Salzsäure vom spez. Gew. 1,075. Falls ein Rückstand bleibt, filtriere die Lösung durch ein Faltenfilter, lasse das Filtrat unter Umrühren erkalten, bringe die feinen Kristalle auf eine Nutsche, und wasche mit wenig Wasser aus. Das erhaltene Produkt kristallisiere wiederholt aus (der $1\frac{1}{2}$ fachen Menge) heißem Wasser in gleicher Weise, bis mit Silbernitrat keine greifbare Chlorreaktion eintritt. Dann breite die Kristalle auf Filtrierpapier aus und trockne sie an der Luft, vermeide dabei jedoch direktes Sonnenlicht. Die reine Oxalsäure ist in einer Büchse mit Glasstopfen zu verwahren; die Kristalle sollen beim Bewegen der Büchse nicht an den Wandungen haften bleiben und unter der Lupe nicht verwittert erscheinen.[1]

2. **Indikatoren:** a) Phenolphtalein. Löse 0,1 g in 60 ccm Alkohol und verdünne mit Wasser auf 100 ccm.

Färbt alkalische Lösungen rot. Die Rotfärbung verschwindet auf Zusatz von Säuren. Nicht brauchbar bei Gegenwart von Kohlensäure, Karbonaten, Ammoniak und Ammoniumsalzen. Phenolphtalein ist der empfindlichste Indikator.

b) Methylorange. Löse 0,02 g in 100 ccm Wasser.

Lösungen von Alkalien und kohlensauren Alkalien werden gelb gefärbt. Die Gelbfärbung geht auf Zusatz von Säuren durch Orange in Gelbrot über. Für organische Säuren ungeeignet.

c) Rosolsäure. Löse 0,2 g in 100 ccm verdünntem Alkohol.

Färbt alkalische Lösungen rot, saure Lösungen schwach gelb. Zum Titrieren von Ammoniak geeignet.

3. **Normal-Schwefelsäure,** Barytwasser oder kohlensäurefreie Natronlauge.

Normal-Schwefelsäure

soll im Liter:

$$\frac{H_2SO_4}{2} = \frac{98{,}08}{2} = 49{,}04 \text{ g } H_2SO_4$$

enthalten.

[1] Verwahre einen Teil der Oxalsäure zur Titerstellung der Kaliumpermanganatlösung.

Zur Herstellung verwende reine konzentrierte Schwefelsäure. Aus dem spezifischen Gewicht ermittele den Gehalt und verdünne mit Wasser so, daß 2 bis 3 l einer Mischung mit etwas mehr als 50 g H_2SO_4 im Liter zu erwarten sind. Von dieser Probesäure fülle genau[1] 2 l in eine Flasche mit Glasstopfen, den Rest verwende zur Titerstellung.

1. Titerstellung.

A. Mit Soda.

($Na_2CO_3 = 106{,}1$.)

Direkt. Löse eine genau abgewogene Menge (2,0 bis 2,5 g) reine Soda in einer Porzellanschale mit Wasser, füge einige Tropfen Methylorange hinzu, bis die Lösung schwach gelb erscheint und lasse nun die Probesäure unter fortwährendem Umrühren aus der Bürette zufließen. Sobald die Farbe der Lösung sich zu ändern beginnt, setze die Säure vorsichtig tropfenweise zu, bis der Farbenumschlag gerade beendet ist. Nach dem Ablesen der Bürette hat man sich stets davon zu überzeugen, daß durch Zusatz eines weiteren Tropfens eine Farbenänderung nicht mehr eintritt.

Wurden A g Soda abgewogen und b ccm Probesäure zur Neutralisation verbraucht, so ergibt sich x, die gesuchte, in 1 ccm Probesäure enthaltene Menge H_2SO_4 in Grammen wie folgt:

Nach der Gleichung:

$$Na_2CO_3 + H_2SO_4 = Na_2SO_4 + CO_2 + H_2O$$

erfordern; 106,1 g Soda . . . 98,08 g H_2SO_4,

folglich: A g Soda . . . $A \dfrac{98{,}08}{106{,}1}$ g H_2SO_4,

diese sind nach dem Versuch in b ccm enthalten, also ist:

$$x = \frac{98{,}08}{106{,}1} \, \frac{A}{b} = 0{,}9244 \, \frac{A}{b} \, .$$

Indirekt, unter Verwendung von Barytwasser oder kohlensäurefreier Natronlauge und Phenolphtalein als Indikator.

Das Barytwasser ist durch Lösen von ca. 45 g krist. Bariumhydroxyd [$Ba(OH)_2$, $8aq$] im Liter zu bereiten, durch

[1] Um bei der späteren Verdünnung das Messen zu ersparen.

Filtrieren oder besser durch Absitzenlassen zu klären und dann in die Vorratsflasche zu hebern.

Um die Natronlauge, welche durch Auflösen von ungefähr 40 g *NaOH* im Liter herzustellen ist, kohlensäurefrei zu machen, füge Chlorbariumlösung[1] hinzu, bis keine Trübung mehr entsteht, lasse über Nacht absitzen und fülle dann die klare Lösung mit einem Heber in die Vorratsflasche.

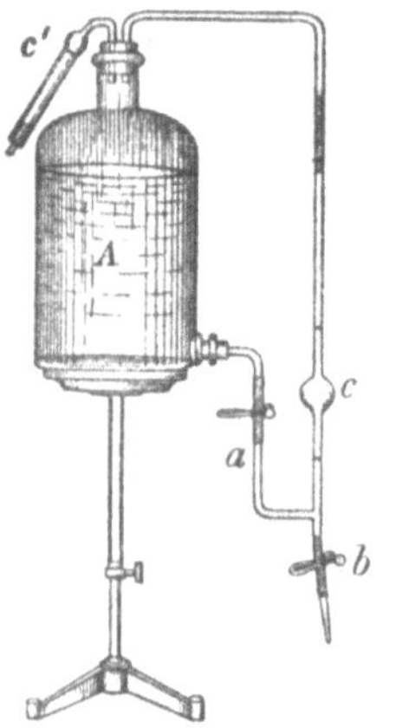

Fig. 27. Vorratsflasche für Barytwasser und Natronlauge.

Zur Aufbewahrung und zum Abmessen des Barytwassers oder der Natronlauge verwende den in Fig. 27 abgebildeten Apparat. Oberhalb und unterhalb der etwa 50 ccm fassenden Kugel *c* sind Marken angebracht, welche es ermöglichen, stets dieselbe Flüssigkeitsmenge der Flasche zu entnehmen, indem die Quetschhähne *a* und *b* abwechselnd geöffnet und geschlossen werden. Das mit Natronkalk gefüllte Röhrchen *c* verhindert das Eindringen von Kohlensäure in die Flasche.

Ausführung: 1. Messe vom Inhalt der Vorratsflasche genau eine Kugel in ein Bechergläschen ab, gib einen Tropfen Phenolphtalein hinzu und laß aus der Bürette Probesäure zufließen, bis die Rotfärbung gerade verschwunden ist.[2] Wiederhole den Versuch so lange, bis die Resultate genau übereinstimmen.

2. Löse eine genau abgewogene Menge Soda (ca. 2 g) in einem etwa $^1/_4$ l fassenden Becherglas, lasse aus einer Pipette genau 50 ccm Probesäure langsam zulaufen, erwärme den Inhalt des Becherglases zum Sieden und koche, bis die Kohlensäure vollständig ausgetrieben ist. Nach Zusatz von 2 Tropfen Phenolphtalein gib eine Kugel Natronlauge (oder *n* Kugeln Barytwasser) hinzu, bis der Inhalt des Becherglases sich rot färbt[3] und titriere mit Probesäure auf Farblos.

[1] Da Chlorbarium neutral reagiert, wirkt ein geringer Überschuß nicht störend.

[2] Die Lösung trübt sich infolge des Chlorbariumgehaltes der Natronlauge

$$H_2SO_4 + BaCl_2 = BaCl_2 + 2\,HCl$$

und an Stelle der Schwefelsäure tritt eine äquivalente Menge Salzsäure.

[3] Sollte dies nicht der Fall sein, so ist eine weitere Kugel Natronlauge zuzusetzen.

Wenn

x die Schwefelsäure in 1 ccm Probesäure,
A die abgewogene Sodamenge,
k die zur Neutralisation einer Kugel verbrauchte Anzahl ccm Probesäure,
n die Anzahl verwendeter Kugeln Natronlauge oder Barytwasser,
b die nach Zusatz von 50 ccm Probesäure und n Kugeln Natronlauge oder Barytwasser noch verbrauchte Anzahl ccm Probesäure

bezeichnen, so ist:

$$A \frac{98,08}{106,1} = 50x + bx - nkx,$$

also:

$$x = \frac{0,9244\,A}{50 + b - nk}.$$

B. Mit Oxalsäure.

($C_2O_4H_2, 2aq = 126,0.$)

Löse 2,5 bis 3,0 g reine kristallisierte Oxalsäure, versetze die Lösung mit 2 Tropfen Phenolphtalein, füge kugelweise bis zur Rotfärbung Natronlauge hinzu und titriere mit der Probesäure auf farblos.

Wurden A g Oxalsäure abgewogen, zur Lösung n Kugeln Natronlauge gesetzt, mit b ccm Probesäure zurücktitriert und brauchte 1 Kugel Natronlauge k ccm Probesäure, so findet man x wie folgt:

1 Grammolekel $C_2O_4H_2, 2aq$ = 126,0 g

und

1 Grammolekel H_2SO_4 = 98,08 g

sättigen gleiche Mengen Natronlauge,

mithin sind A g kristallisierte Oxalsäure gleichwertig mit:

$$\frac{98,08}{126,0} A = 0,7781\,A \text{ g } H_2SO_4,$$

folglich ist:

$$0,7781\,A = nkx - bx,$$

$$x = 0,7781 \frac{A}{nk - b}.$$

Stimmen die Titerstellungen mit Soda und Oxalsäure innerhalb der Grenzen der Beobachtungsfehler überein, so nimm das Mittel und verdünne die reservierten 2 l Probesäure mit so viel Wasser, daß Normal-Schwefelsäure entsteht. Nach dem Verdünnen kontrolliere den Gehalt durch Wiederholung der Titerstellung.

Nimmt man den unvermeidlichen Fehler bei der Ablesung der Büretten zu $\pm$ 0,05 ccm an, so würde, wenn zur Neutralisation der abgewogenen Sodamenge z. B. 45,0 ccm Säure verbraucht wurden, der Fehler $\pm \frac{5}{4500} = \frac{1}{900}$ oder $\pm$ 0,11 Proz. betragen. Wäre jedoch bei der Titration weniger Soda abgewogen worden, so daß zur Neutralisation z. B. nur 15,0 ccm Säure nötig gewesen wären, so würde derselbe Ablesungsfehler das Resultat um $\pm \frac{5}{1500} = \frac{1}{300}$ oder $\pm$ 0,33 Proz. beeinflussen.

Bei allen maßanalytischen Bestimmungen ist daher von der zu untersuchenden Substanz stets so viel abzuwiegen, daß die verbrauchte in Rechnung zu setzende Menge der Meßflüssigkeit dem Inhalt der Bürette (50) ccm nahekommt.

Zehntel-Normallösungen erhält man durch Verdünnen der Normallösungen auf das zehnfache Volum.

2. Untersuchung von Präparaten.

Salzsäure (Präparat 1).

Es liegt eine ca. 20 prozentige Säure vor. Wäge A (40 bis 50) g ab und verdünne in einem 200 ccm-Kölbchen mit Wasser bis zur Marke. Mische durch Umschütteln gut durch, pipettiere 50,0 ccm der Mischung in ein Becherglas von ca. $^1/_4$ l Inhalt, versetze mit einem Tropfen Phenolphtalein, gib kugelweise Natronlauge oder Barytwasser bis zur Rotfärbung hinzu und titriere mit Normal-Schwefelsäure auf Farblos.

1 ccm Normal-Schwefelsäure ist gleichwertig mit

$$\frac{36,46}{1000} = 0,03646 \text{ g } HCl.$$

Wurden *n* Kugeln Natronlauge (1 Kugel = *k* ccm *N.S.*) und zum Zurücktitrieren *b* ccm Normal-Schwefelsäure verbraucht, dann enthält die Salzsäure:

$$= 0{,}03646\,(n\,k - b)\frac{4}{A}\,100 \text{ Proz. } HCl.$$

Ammoniak (Präparat 2).

Es liegt ca. 10prozentiges Ammoniak vor. Verdünne eine abgewogene Menge in geeigneter Weise mit Wasser und titriere 50,0 ccm der Verdünnung nach Zusatz einiger Tropfen Rosolsäure mit Normal-Schwefelsäure aus.

Aus der verbrauchten Normalsäure berechne den Prozentgehalt des Ammoniaks.

Salpetersäure (Präparat 4).

Es liegt eine 90 bis 95prozentige Säure vor, welche an der Luft raucht. Zur Abwägung einer bestimmten Menge (2 bis 3 g) verfahre folgendermaßen:

Ziehe ein Reagenzrohr etwa in der Mitte kapillar aus, lasse von der Kapillaren 6 bis 8 cm am Bodenteil und wäge es. Hierauf erwärme mit einer Flamme den Boden des Röhrchens mäßig und stecke die Spitze in die zu untersuchende Säure (Fig. 28a), wobei darauf zu achten ist, daß nicht Glassplitterchen abbrechen. Nachdem sich das Röhrchen mit der Säure teilweise gefüllt hat, nimm es heraus, schmelze die Spitze zu, reinige die Außenwandungen und ermittele das Gewicht des Röhrchens mit Inhalt.

Nun bringe das Röhrchen vorsichtig in eine etwa bis zu einem Drittel mit destilliertem Wasser gefüllte Flasche mit Glasstopfen von ungefähr 1 l Inhalt (Fig. 28b). Verschließe die Flasche und schüttele kräftig um, bis das Röhrchen zertrümmert ist.

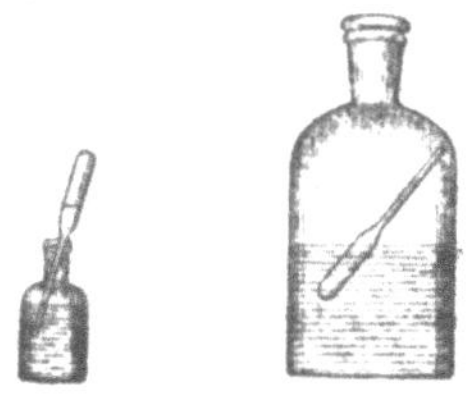

Fig. 28 a. Fig. 28 b.
Titrieren rauchender Säuren.

Wenn der Nebel über der Flüssigkeit in der Flasche verschwunden ist, versetze mit Phenolphtalein, gib kugelweise Natronlauge (oder Barytwasser) bis zur Rotfärbung hinzu und titriere mit Normal-Schwefelsäure auf Farblos.

$$1 \text{ ccm Normal-Schwefelsäure} = 0{,}06305 \text{ g } HNO_3.$$

Die Berechnung erfolgt wie bei Salzsäure (S. 81).

Kieselfluorwasserstoffsäure (Präparat 17).

Kieselfluorwasserstoffsäure läßt sich nicht unter Anwendung von Natronlauge titrieren, weil das lösliche Kieselfluornatrium mit überschüssiger Natronlauge sich umsetzt:

$$Na_2SiF_6 + 4NaOH = 6NaF + H_2SiO_3 + H_2O.$$

Wenn man aber die Säure durch einen bekannten Überschuß von Barytwasser ausfällt und noch etwas Alkohol hinzufügt, um das Kieselfluorbarium vollständig abzuscheiden, dann läßt sich der zur Sättigung der Säure nicht verbrauchte Anteil des Barytwassers mit Normalschwefelsäure ermitteln.

Ausführung: Versetze 25 ccm der Kieselfluorwasserstoffsäure ohne zu erwärmen mit der gleichen Menge Alkohol und hierauf mit n Kugeln Barytwasser, bis auf Zusatz eines Tropfens Phenolphtalein Rotfärbung eintritt und titriere mit Normalschwefelsäure auf Farblos.

$$\begin{matrix}1000 \text{ ccm} \\ \text{Normal-Schwefelsäure}\end{matrix} = \frac{H_2SiF_6}{2} = \frac{144 \cdot 7}{2} = 72{,}35 \text{ g } H_2SiF_6.$$

Rauchende Schwefelsäure und Monochlorschwefelsäure (Präparat 28).

Das Abwägen der Säuren erfolgt in kapillar ausgezogenen Probiergläschen (Fig. 28a), welche, wie bei Salpetersäure (S. 81) beschrieben, in einer teilweise mit Wasser gefüllten Glasflasche (Fig. 28b) zu zertrümmern sind. Füge alsdann n Kugeln Natronlauge (oder Barytwasser) hinzu und titriere mit Normal-Schwefelsäure zurück.

a) Rauchende Schwefelsäure: Sind in der abgewogenen Menge A, x g SO_3 und y g H_2SO_4 vorhanden, so ist:

1) $$A = x + y.$$

Bei der Einwirkung von Wasser wird das Anhydrid in Säure verwandelt:

$$SO_3 + H_2O = H_2SO_4.$$

und zwar liefern:

$$80{,}06 \text{ g } SO_3 \;.\;.\;.\;.\;.\; 98{,}08 \text{ g } H_2SO_4,$$

mithin:

$$x \text{ g } SO_3 \;.\;.\;.\;.\;.\; \frac{98{,}08}{80{,}06} x \text{ g } H_2SO_4.$$

Die bei der Titration gefundene Menge b g H_2SO_4 stellt also eine Summe dar, nämlich:

2) $$b = \frac{98{,}08}{80{,}06} x + y, \qquad b = 1{,}225\, x + y.$$

Aus den Gleichungen 1 und 2 berechnet sich:

$$x = \frac{b - A}{0{,}225}, \qquad y = A - x.$$

b) Monochlorschwefelsäure: Die Einwirkung von Wasser erfolgt nach der Gleichung:

$$SO_2 . OH . Cl + H_2O = H_2SO_4 + HCl,$$

es entspricht somit 1 ccm Normal-Schwefelsäure:

$$\frac{SO_2 . OH . Cl}{3} = 0{,}04485 \text{ g } SO_2OH . Cl.$$

II. Oxydations- und Reduktionsanalysen.

Bei den Oxydations- und Reduktionsanalysen wird die Sauerstoffmenge ermittelt, welche die zu untersuchenden Körper aufzunehmen oder abzugeben vermögen.

Man verwendet gewöhnlich Kaliumpermanganat, welches in hinreichend sauren Lösungen nach der Gleichung:

$$2 KMnO_4 + 3 H_2SO_4 = K_2SO_4 = K_2SO_4 + 2 MnSO_4 + 5 O$$

oxydierend wirkt.

Eine Lösung, von welcher 1 Liter

$$\frac{O}{2} = \frac{16}{2} = 8 \text{ g Sauerstoff}$$

abzugeben vermag, bezeichnet man als normal. In der Regel wird $^1/_{10}$ Normallösung verwendet, die in 1000 ccm

$$\frac{2\, KMnO_4}{5 \cdot 2 \cdot 10} = \frac{2 \cdot 158}{5 \cdot 2 \cdot 10} = 3{,}16 \text{ g } KMnO_4$$

enthält.

Stelle $^1/_{10}$ Normallösung von annäherndem Gehalt her, weil frisch bereitete Lösungen ihren Titer etwas ändern, bis die im verwendeten destillierten Wasser immer vorhandenen Spuren von organischen Substanzen oxydiert sind.

Die Titerstellung erfolgt mit Mohrschem Salz und mit kristallisierter Oxalsäure. Ein Indikator ist nicht erforderlich, da das Kaliumpermanganat selbst färbend wirkt.

1. Titerstellung.

A. Mit Mohrschem Salz.

$(NH_4)_2Fe(SO_4)_2, 6aq = 392{,}23.$

Verwende das als Präparat 10, S. 26 erhaltene Produkt:

$$2(NH_4)_2Fe(SO_4)_2, 6aq + H_2SO_4 + O$$
$$= 2(NH_4)_2SO_4 + Fe_2(SO_4)_3 + 7H_2O.$$

Nach dieser Gleichung sind zur Oxydation von 392,23 g Mohrschen Salzes 8 g Sauerstoff erforderlich.

Zur Titerstellung löse eine abgewogene Menge des Salzes in ausgekochtem und wiedererkaltetem Wasser auf, setze verdünnte Schwefelsäure hinzu und laß Kaliumpermanganatlösung aus der Bürette zufließen, bis die Lösung gerade erkennbar gefärbt erscheint. Die Lösung soll klar bleiben, trübt sie sich (durch Ausscheidung von Manganoxydhydrat), so fehlt es an Schwefelsäure.

Beispiel: Wurden bei dem Versuche zu 1,852 g Mohrschem Salz 47,9 ccm Permanganatlösung verbraucht, so berechnet sich der Gehalt derselben an disponiblem Sauerstoff wie folgt:

392,23 g Mohrsches Salz entsprechen 8 g Sauerstoff,

1,852 g „ „ „ $\frac{1{,}852 \cdot 8}{392{,}23}$ g Sauerstoff;

diese Menge wurde von 47,9 ccm Permanganatlösung abgegeben, folglich entsprechen:

$$1000 \text{ ccm} = 1000 \frac{1{,}852 \cdot 8}{392{,}23 \cdot 47{,}9} = 0{,}7884 \text{ g Sauerstoff.}$$

B. Mit Oxalsäure.

($C_2O_4H_2$, $2aq = 126,0$.)

Oxalsäure wird durch Kaliumpermanganat bei Gegenwart von Schwefelsäure zu Kohlensäure und Wasser oxydiert:

$$C_2O_4H_2,\ 2aq + O = 2CO_2 + 3H_2O.$$

1 l $^1/_{10}$ Normal-Kaliumpermanganatlösung vermag somit 6,30 g Oxalsäure zu oxydieren.

Die Oxydation findet bei gewöhnlicher Temperatur nur langsam, in der Wärme schneller statt. Zur Titerstellung löse die Oxalsäure in wenig Wasser auf, setze einige Kubikzentimeter reine konz. Schwefelsäure hinzu und titriere die warme Mischung bis zur bleibenden Rötung aus.

Beispiel: Wurden bei dem Versuche zu 0,3011 g Oxalsäure 48,5 ccm Permanganatlösung verbraucht, so berechnet sich der Gehalt derselben an disponiblem Sauerstoff folgendermaßen:

63,0 g Oxalsäure entsprechen 8 g Sauerstoff,

0,3011 g „ „ $\frac{0{,}3011 \cdot 8}{63{,}0}$ g Sauerstoff,

diese Menge wurde von 48,5 g Permanganatlösung abgegeben, folglich entsprechen:

$$1000 \text{ ccm} = 1000 \frac{0{,}3011 \cdot 8}{63{,}0 \cdot 48{,}5} = 0{,}7867 \text{ g Sauerstoff.}$$

Es wurde also für 1000 ccm Permanganatlösung an disponiblem Sauerstoff gefunden bei der Titerstellung mit

Mohrschem Salz . . .	0,7884 g
Oxalsäure	0,7867 g
im Mittel	0,7875 g

statt 0,8000 g.

Man ändert an der Lösung nichts, berechnet vielmehr den Faktor F, mit welchem der gefundene Wert multipliziert die richtige Größe gibt:

$$F = \frac{0{,}8000}{0{,}7875} = 1{,}0159$$

und multipliziert stets mit diesem Faktor die bei den Versuchen mit der $^1/_{10}$ Permanganatlösung verbrauchte Anzahl Kubikzentimeter

2. Untersuchung von Präparaten.

Kaliumnitrit (Präparat 12).

$$KNO_2 + O = KNO_3$$

$$1000\,\text{ccm}\ {}^1/_{10}\,\text{n-}KMnO_4\text{-Lösung} = \frac{KNO_2}{2 \cdot 10} = \frac{85{,}19}{2 \cdot 10} = 4{,}259\,\text{g}\ KNO_2.$$

Beim Ansäuern einer Nitritlösung entweicht leicht etwas salpetrige Säure. Es ist daher besser, von einer bestimmten Menge Permanganatlösung auszugehen, diese anzusäuern und die Nitritlösung zufließen zu lassen.

Löse eine genau abgewogene Menge A (10 bis 12) g Kaliumnitrit in 1000 ccm Wasser, fülle eine Bürette mit einem Teil der Lösung und lasse sie zu 100 ccm mit verdünnter Schwefelsäure versetzte Permanganatlösung fließen, bis diese gerade entfärbt ist, gegen Ende der Reaktion langsam und tropfenweise.

Wurden zur Entfärbung b ccm der Nitritlösung verbraucht, so enthielten diese 0,4259 g KNO_2. Mithin enthalten A g des Produktes:

$$0{,}4259 \cdot \frac{1000}{b}\ \text{g}\ KNO_2.$$

Bariumperoxydhydrat (Präparat 23).

Das Produkt liegt als Paste vor. Rühre dieselbe gut durcheinander, wäge eine Probe in ein größeres Becherglas ab und verwandle dieselbe zunächst in Wasserstoffsuperoxyd:

$$BaO_2 + H_2SO_4 = BaSO_4 + H_2O_2.$$

Um Verluste durch Sauerstoffentwickelung zu vermeiden, füge zu der abgewogenen Probe etwa $^1/_2$ l mit Eis gekühltes Wasser, füge unter Umrühren zunächst tropfenweise eine hinreichende Menge (ca. 100 ccm) abgekühlte verdünnte Schwefelsäure[1] hinzu und titriere auf Rosa:

$$H_2O_2 + O = H_2O + 2O$$

$$\begin{array}{c}1000\,\text{ccm}\\ {}^1/_{10}\,\text{n-}KMnO_4\text{-Lösung}\end{array} = \frac{H_2O_2}{2 \cdot 10} = \frac{34{,}01}{2 \cdot 10} = 1{,}701\,\text{g}\ H_2O_2,$$

$$= \frac{BaO_2, 8aq}{2 \cdot 10} = \frac{297{,}6}{2 \cdot 10} = 14{,}88\,\text{g}\ H_2O_2.$$

[1] Salzsäure würde zwar eine klare Lösung geben, ist aber bei allen Titrationen mit Kaliumpermanganat zu vermeiden, da auch sie zum Teil (zu Chlor) oxydiert wird.

Der Gehalt an Wasserstoffperoxydlösungen wird in Gewichts- und Volumprozenten angegeben. Die Volumprozente geben an, wieviel Kubikzentimeter Sauerstoff 1 ccm der Wasserstoffperoxydlösung zu entwickeln vermag.

1 Gewichtsprozent = 3,290 Volumprozent.

Bleiperoxyd (Präparat 15).

Bleiperoxyd wird in saurer Lösung durch Oxalsäure zu Bleioxyd reduziert:

$$PbO_2 + C_2O_4H_2 = PbO + 2\,CO_2 + H_2O.$$

Die titrimetrische Bestimmung des Bleiperoxyds ist eine indirekte, es wird die verbrauchte Oxalsäuremenge ermittelt, indem man von einer bekannten überschüssigen Menge ausgeht und den nicht verbrauchten Teil mißt.

Wäge das Bleiperoxyd und etwas mehr reine kristallisierte Oxalsäure, wie zur Reduktion erforderlich ist, in eine Porzellanschale ab, füge verdünnte Salpetersäure hinzu, erwärme und titriere. Aus den verbrauchten Kubikzentimetern Kaliumpermanganatlösung ist die überschüssig vorhanden gewesene Oxalsäure und hiernach die verbrauchte Oxalsäure zu berechnen:

$$1 \text{ g Oxalsäure} = \frac{PbO_2}{C_2O_4H_2,\,2aq} = \frac{238,9}{126,0} = 1,896 \text{ g } PbO_2.$$

Salzsaures Hydroxylamin (Präparat 26).

Hydroxylamin wird durch Eisenoxydsalze in saurer Lösung zu Stickoxydul und Wasser oxydiert:

$$2NH_2OH + 2O = N_2O + 3H_2O.$$

Dabei geht des Eisenoxydsalz in Oxydulsalz über:

$$2NH_2OH + 2Fe_2(SO_4)_3 = 4FeSO_4 + 2H_2SO_4 + N_2O + H_2O,$$

dessen Menge durch Kaliumpermanganatlösung ermittelt werden kann.

Löse 0,2 bis 0,25 g salzsaures Hydroxylamin in einem Kolben von ca. $^1/_2$ l in wenig Wasser, füge ca. 50 ccm einer kalt gesättigten Lösung von Eisenammoniumalaun (Präparat 11, S. 27) und halbsoviel verdünnte Schwefelsäure hinzu, erhitze zum Sieden und koche, bis nach Entfernung der Flamme keine

Gasentwickelung mehr wahrnehmbar ist. Hierauf verdünne mit ausgekochtem Wasser und titriere sofort:

$$\frac{1000\ \text{ccm}}{{}^1/_{10}\ \text{n-}KMnO_4\text{-Lösung}} = \frac{NH_3O.HCl}{2,10} = \frac{52,98}{2,10} = 2,649\,\text{g}\ NH_3O.HCl.$$

III. Jodometrie.

Erfordernisse: $^1/_{10}$ n-Jodlösung, Natriumthiosulfatlösung, Stärkelösung, Jod, Jodkalium und Jodkaliumlösung.

$^1/_{10}$ n-Jodlösung,

$$1000\ \text{ccm enthalten:}\ \frac{J}{10} = \frac{126,9}{10} = 12,69\ \text{g}\ J,$$

stellt man, da sie sich allmählich verändert, von nur annäherndem Gehalte her.

Wäge ca. 12,7 g Jod und die doppelte Menge Jodkalium ab, füge 25 bis 30 ccm Wasser hinzu und verdünne erst, nachdem sich das Jod vollständig gelöst hat, auf 1 l.

Die Natriumthiosulfatlösung wird durch Auflösen von ca. 25 g $Na_2S_2O_3$, $5aq$ im Liter erhalten. Frisch bereitete Lösungen opalisieren infolge der Einwirkung der im destillierten Wasser enthaltenen Kohlensäure. Es scheiden sich Spuren von Schwefel aus, die sich mit der Zeit absetzen, alte Lösungen sind haltbar.

Stärkelösung. Zu 1 l siedendem Wasser füge 2 bis 3 g mit kaltem Wasser fein verriebene Stärke und koche noch einige Minuten, bis die Lösung fast klar geworden ist.

1. Titerstellung.

A. Mit Jod.

Zunächst ist die Wechselwirkung zwischen der Jod- und Thiosulfatlösung festzustellen:

$$2J + 2Na_2S_2O_3 = 2NaJ + Na_2S_4O_6.$$

Messe 1 Pipette (25,0 ccm) Thiosulfat in ein Becherglas ab, füge einige Kubikzentimeter Stärkelösung hinzu und lasse die Jodlösung aus einer Bürette zutropfen, bis eine gerade erkennbare Blaufärbung eintritt. Wiederhole den Versuch und bezeichne das Mittel mit:

p = Anzahl Kubikzentimeter Jodlösung, die für eine Pipette Thiosulfatlösung verbraucht werden.

Um reines Jod zur Titerstellung zu erhalten, verreibe 2 bis 3 g käufliches Jod zur Entfernung von etwa vorhandenem Chlor und Brom mit 1 g Jodkalium und sublimiere. Hierzu sind drei Uhrgläser von 7 bis 8 cm Durchmesser, deren abgeschliffene Ränder gut aufeinander passen, erforderlich. Bringe das mit Jodkalium verriebene Jod in ein Uhrglas, decke ein anderes darauf und erhitze mit einer möglichst kleinen Flamme über einem Drahtnetz, das fest um den Ring des Stativs (Fig. 29) gespannt ist. Wenn man die Hülse eines Bunsenbrenners abschraubt, läßt sich leicht ein ganz kleines Flämmchen regulieren, das man wenige Zentimeter unter das Drahtnetz schiebt. Auf diese Weise gelingt es, das Jod fast ohne Verluste in einer halben Stunde in schönen Kristallen zu sublimieren.

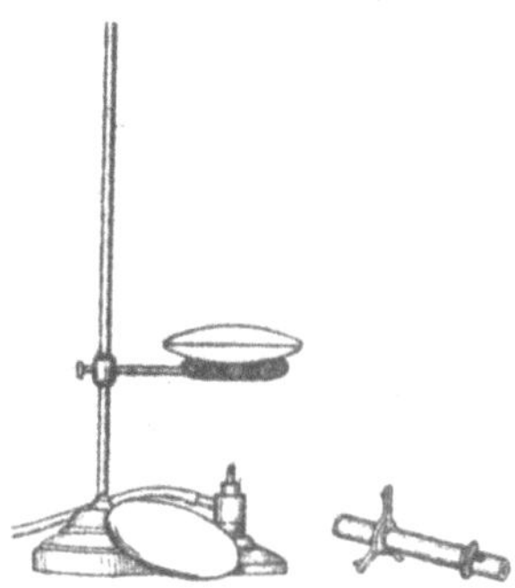

Fig. 29. Sublimieren von Jod.

Nach dem Erkalten decke das dritte Uhrglas auf das Uhrglas mit dem Jod und ermittele das Gewicht der Uhrgläser mit dem Jod.

Nun nimm das obere Uhrglas ab, schiebe es unter das andere und lege beide Uhrgläser auf den Boden eines genügend weiten Becherglases, schütte einige Kristalle Jodkalium auf das Jod und füge wenige Tropfen Wasser hinzu. Bedecke das Becherglas mit einem Uhrglas und neige es hin und her, wobei sich das Jod in kürzester Zeit löst. Wenn alles Jod gelöst ist, verdünne mit Wasser, füge pipettenweise Natriumthiosulfatlösung hinzu, bis die braune Farbe verschwunden ist, versetze mit Stärkelösung und titriere auf Blau. Wenn

x die Jodmenge in 1 ccm Jodlösung,
A die abgewogene Jodmenge,

n die Anzahl der verwendeten Pipetten Thiosulfatlösung,
b die Anzahl der bei der Titerstellung verbrauchten Kubikzentimeter Jodlösung

bezeichnen, so ist, da

1) *n* Pipetten Thiosulfatlösung $= npx$ g Jod,

2) *n* Pipetten Thiosulfatlösung $= A + bx$ g Jod,

$$x = \frac{A}{np - b}.$$

Berechne den Faktor *F*, mit welchem multipliziert das Resultat

$$= 0{,}01269$$

wird.

B. Mit Kaliumpermanganat.

Benutze die Kaliumpermanganatlösung, deren Gehalt an disponiblem Sauerstoff sich aus den Titerstellungen S. 84 u. 85 ergibt.

8 g Sauerstoff entsprechen 126,9 g Jod.

Es ist die Jodmenge zu messen, welche der disponible Sauerstoff einer bekannten Menge Kaliumpermanganat aus angesäuerter Jodkaliumlösung freimacht:

$$2KMnO_4 + 10KJ + 16HCl = 10J + 12KCl + 2MnCl_2 + 8H_2O.$$

Die Einwirkung findet in saurer Lösung statt. Dabei ist zu beachten, daß Säuren aus Natriumthiosulfat Thioschwefelsäure freimachen:

$$Na_2S_2O_3 + 2HCl = 2NaCl + H_2S_2O_3,$$

welche in schweflige Säure und Schwefel zerfällt:

$$H_2S_2O_3 = H_2SO_3 + S.$$

Da zur Oxydation der schwefligen Säure die doppelte Menge Jod verbraucht wird:

$$2H_2SO_3 + 4J + 2H_2O = 2H_2SO_4 + 4JH,$$

wie bei der Einwirkung von Jod auf Natriumthiosulfat:

$$2Na_2S_2O_3 + 2J = Na_2S_4O_6 + 2NaJ$$

ist es zu vermeiden, die Natriumthiosulfatlösung vor der Titration mit sauren Lösungen zusammenzubringen.

Man gibt daher die Natriumthiosulfatlösung, deren Wechselwirkung auf $^1/_{10}$ n-Jodlösung vorher ermittelt wurde, in die

Bürette und titriert die das freigemachte Jod enthaltenden Lösungen auf Farblos.

In ein Becherglas gib ca. 25 ccm einer Jodkaliumlösung in Wasser (1 : 10), säuere mit Salzsäure an und füge genau 50,0 ccm der $^1/_{10}$ n-Kaliumpermanganatlösung hinzu. Nun lasse Thiosulfatlösung aus der Bürette zufließen, bis die Lösung nur noch schwach gelb gefärbt ist, versetze mit Stärkelösung und titriere auf Farblos.

Wurden hierbei b ccm verbraucht und ist der Faktor der Thiosulfatlösung F, so ergibt sich, da 50,0 ccm Kaliumpermanganatlösung mit $\frac{50}{1000}$ 0,8000 g Sauerstoff gleichwertig sind, daß die entsprechende Jodmenge nämlich $\frac{50}{1000}$ 12,69 g Jod, wenn 1 ccm $^1/_{10}$ n-Thiosulfatlösung = 1 ccm $^1/_{10}$ n-Jodlösung, in bF ccm $^1/_{10}$ n-Jodlösung enthalten sind mithin sind in:

$$1000 \text{ ccm der Jodlösung: } \frac{50{,}0}{b \cdot F} \, 12{,}69 \text{ g Jod.}$$

2. Untersuchung von Präparaten.

Schwefeldioxyd (Präparat 9).

Bei der Herstellung von flüssigem Schwefeldioxyd (S. 23) wurde in E (Fig. 9) eine wäßrige Lösung von Schwefeldioxyd erhalten.

Bei hinreichender Verdünnung verwandelt Jod Schwefeldioxyd glatt in Schwefelsäure:

$$2J + SO_2 + 2H_2O = H_2SO_4 + 2JH.$$

Nach einem orientierenden Versuch verdünne so, daß eine Lösung mit nicht über 0·04 % SO_2 entsteht und titriere einen Teil derselben nach Zusatz von Stärkelösung mit Jodlösung auf Blau:

$$\frac{1000 \text{ ccm}}{^1/_{10} \text{ n-Jodlösung}} = \frac{SO_2}{2 \cdot 10} = \frac{64{,}06}{2 \cdot 10} = 3{,}203 \text{ g } SO_2.$$

Natriumsulfid (Nebenprodukt von Präparat 16).

Es liegt eine ca. 5 prozentige Lösung vor.

Bei hinreichender Verdünnung wirkt Jod auf Schwefelwasserstoff nach der Gleichung:

$$2J + H_2S = S + 2HJ$$

ein.

Verdünne einen Teil der Natriumsulfidlösung so, daß eine 0,1 prozentige Lösung zu erwarten ist. Von dieser messe

200 ccm ab, säuere mit Essigsäure an, versetze mit Stärkelösung und titriere mit Jodlösung auf Blau:

$$1000 \text{ ccm } {}^1/_{10} \text{ n-Jodlösung} = \frac{Na_2S}{2 \cdot 10} = \frac{78{,}07}{2 \cdot 10} = 3{,}903 \text{ g } Na_2S.$$

Kaliumbichromat (Präparat 24).

Wenn man eine saure Jodkaliumlösung mit Kaliumbichromat versetzt, so scheidet sich nach der Gleichung:

$$6\,KJ + K_2Cr_2O_7 + 14\,HCl = 6\,J + 2\,CrCl_3 + 8\,KCl + 7\,H_2O$$

Jod aus, dessen Menge wie bei der Titerstellung mit Kaliumpermanganat zu ermitteln ist.

Löse 0,2 bis 0,3 g Kaliumbichromat in einem größeren Becherglase in wenig Wasser, gib ca. 25 ccm Jodkaliumlösung (1 : 10) hinzu und säuere mit Salzsäure an. Hierauf verdünne mit etwa $^1/_2$ l Wasser, um beim Titrieren den Farbenübergang von Blau in Grün besser beobachten zu können.

$$\begin{matrix}1000 \text{ ccm} \\ {}^1/_{10} \text{ n-Thiosulfatlösung}\end{matrix} = \frac{K_2Cr_2O_7}{6 \cdot 10} = \frac{294{,}4}{6 \cdot 10} = 4{,}907 \text{ g } K_2Cr_2O_7.$$

Kaliumbijodat (Präparat 25).

Fügt man zu einer Lösung von Kaliumbijodat Kaliumjodid, so scheidet sich Jod aus, dessen Menge sich mit Natriumthiosulfat ermitteln läßt. Säuert man hierauf an, so werden weitere Jodmengen frei. Die Gesamtreaktion kommt in folgender Gleichung zum Ausdruck:

$$HK(JO_3)_2 + 10\,KJ + 11\,HCl = 12\,J + 11\,KCl + 6\,H_2O.$$

Löse eine genau abgewogene Menge Bijodat (0,2 bis 0,3 g) in Wasser, füge ca. 25 ccm Jodkaliumlösung (1 : 10), sowie etwas Stärkelösung hinzu und titriere mit Thiosulfat auf Farblos. Hierauf säure mit Salzsäure an und titriere, nicht ohne vorher die Bürette abgelesen zu haben, die wieder blau gewordene Lösung von neuem aus.

$$\begin{matrix}1000 \text{ ccm } {}^1/_{10} \text{ n-Thio-} \\ \text{sulfatlösung}\end{matrix} = \frac{HK(JO_3)_2}{12 \cdot 10} = \frac{390{,}0}{12 \cdot 10} = 3{,}25 \text{ g } HK(JO_3)_2.$$

Die Jodmengen, welche zuerst auf Zusatz von Kaliumjodid und hierauf nach dem Ansäuern frei werden, verhalten sich wie 1:11. (Warum?)

Dritter Teil.

Tabellen.

Die ein- bis fünffachen Atomgewichte der häufig gebrauchten Elemente.

(Abgerundet.)

		1	2	3	4	5
Aluminium	*Al*	27	54	81	108	135
Antimon	*Sb*	120	240	360	480	601
Barium	*Ba*	137	275	412	549	687
Blei	*Pb*	207	414	621	828	1035
Calcium	*Ca*	40	80	120	160	200
Chlor	*Cl*	35	71	106	142	177
Chrom	*Cr*	52	104	156	208	260
Eisen	*Fe*	56	112	168	223	279
Fluor	*F*	19	38	57	76	95
Jod	*J*	127	254	381	508	635
Kalium	*K*	39	78	117	156	195
Kohlenstoff	*C*	12	24	36	48	60
Kupfer	*Cu*	64	127	191	254	318
Mangan	*Mn*	55	110	165	220	275
Natrium	*Na*	23	46	69	92	115
Nickel	*Ni*	59	117	176	235	293
Phosphor	*P*	31	62	93	124	155
Sauerstoff	*O*	16	32	48	64	80
Schwefel	*S*	32	64	96	128	160
Silber	*Ag*	108	216	324	431	539
Silicium	*Si*	28	57	85	113	141
Stickstoff	*N*	14	28	42	56	70
Wasserstoff	*H*	1	2	3	4	5
Zink	*Zn*	65	131	196	261	327
Zinn	*Sn*	119	238	357	476	595

Volumgewicht und Gehalt der **Salzsäure** (bei 15° C).

Vol.-Gew.	Gew.-Proz. HCl	Vol.-Gew.	Gew.-Proz. HCl	Vol.-Gew.	Gew.-Proz. HCl
1,035	7,1	1,085	17,1	1,135	26,7
1,040	8,2	1,090	18,1	1,140	27,7
1,045	9,2	1,095	19,1	1,145	28,6
1,050	10,2	1,100	20,0	1,150	29,6
1,055	11,2	1,105	21,0	1,155	30,6
1,060	12,2	1,110	21,9	1,160	31,5
1,065	13,2	1,115	22,9	1,165	32,5
1,070	14,2	1,120	23,8	1,170	33,5
1,075	15,2	1,125	24,8	1,175	34,4
1,080	16,2	1,130	25,8	1,180	35,4

Volumgewicht und Gehalt der **Salpetersäure** (bei 15° C).

Vol.-Gew.	Gew.-Proz HNO_3	Vol.-Gew.	Gew.-Proz. HNO_3	Vol.-Gew.	Gew.-Proz. HNO_3
1,200	32,4	1,310	49,1	1,420	69,8
1,210	33,8	1,320	50,7	1,430	72,2
1,220	35,3	1,330	52,4	1,440	74,7
1,230	36,8	1,340	54,1	1,450	77,3
1,240	38,3	1,350	55,8	1,460	80,0
1,250	39,8	1,360	57,6	1,470	82,9
1,260	41,3	1,370	59,4	1,480	86,0
1,270	42,9	1,380	61,3	1,490	89,6
1,280	44,4	1,390	63,2	1,500	94,1
1,290	45,9	1,400	65,3	1,510	98,1
1,300	47,5	1,410	67,5		

Volumgewicht und Gehalt der **konz. Schwefelsäure** (bei 15° C).

Vol.-Gew.	Gew.-Proz. H_2SO_4
1,820	90,0
1,825	91,0
1,830	92,1
1,835	93,4
1,840	96,0

Anmerkung. Das spez. Gew. der konz. Schwefelsäure steigt bis zu einem Gehalt von 97,7 Proz. bis auf 1,8413. Von da nimmt es um ein geringes wieder ab, es entspricht z. B.:

98,0 Gew.-Proz. H_2SO_4 das spez. Gew. 1,8412
99,0 „ „ „ „ „ „ 1,8403
100,0 „ „ „ „ „ „ 1,8384

Volumgewicht und Gehalt des **Ammoniaks** (bei 15° C).

Vol.-Gew.	Gew.-Proz. NH_3	Vol.-Gew.	Gew.-Proz. NH_3	Vol.-Gew.	Gew.-Proz. NH_3
0,995	1,0	0,955	11,3	0,915	23,3
0,990	2,3	0,950	12,7	0,910	25,0
0,985	3,5	0,945	14,3	0,905	26,6
0,980	4,8	0,940	15,6	0,900	28,3
0,975	6,0	0,935	17,1	0,895	30,0
0,970	7,3	0,930	18,6	0,890	31,7
0,965	8,6	0,925	20,2	0,885	33,7
0,960	9,9	0,920	21,7		

Löslichkeit einiger Salze in Wasser.

100 g Wasser lösen ? g.

bei	0°	10°	20°	40°	60°	80°	100°
Krist. Bariumhydroxyd $Ba(OH)_2$, 2 aq	—	4,7	7,4	16,4	48,1	—[1]	—
Bariumnitrat $Ba(NO_3)_2$	5,2	7,0	9,2	14,2	20,3	27,0	32,2
Chlorammonium NH_4Cl	28,4	32,8	37,2	46,2	55,0	63,9	72,8
Krist. Chlorbarium $BaCl_2$, 2 aq	—	41,5	44,6	—	59,1	—	76,9
Chlorkalium KCl	28,5	32,0	34,7	40,1	45,5	51,0	56,6
Chlornatrium $NaCl$	35,6	35,7	35,8	36,5	37,2	38,0	39,1
Eisenvitriol $FeSO_4$, 7 aq	—	61	115 bei 24°	227 bei 46°	—	270 bei 84°	—
Kaliumbichromat $K_2Cr_2O_7$	5,0	8,5	13,1	29,2	50,5	73,0	102
Kupfervitriol $CuSO_4$, 5 aq	31,6	37,0	42,8	56,9	77,4	118	203
Krist. Natriumkarbonat Na_2CO_3, 10 aq	21,3	40,9	92,8	273 bei 30°	—[2]	—	—
Entw. Natriumkarbonat Na_2CO_3	7,1	12,6	21,4	49,7	46,4	45,3	45,2
Krist. Natriumphosphat Na_2HPO_4, 12 aq	—	14,9 bei 15°	17,2	31,3 bei 25°	—[3]	—	—

[1] Schmilzt bei 78° im Kristallwasser.
[2] Schmilzt bei 32° im Kristallwasser.
[3] Schmilzt bei 36° im Kristallwasser.

Löslichkeit einiger Salze in Wasser.

1 g Substanz braucht zur Lösung ? g Wasser.

bei	0°	10°	20°	40°	60°	80°	100°
Krist. Bariumhydroxyd $Ba(OH)_2, 8aq$	—	21,3	13,5	6,1	2,1	—	—
Bariumnitrat $Ba(NO_3)_2$	19,2	14,3	10,9	7,0	4,9	3,7	3,1
Chlorammonium NH_4Cl	3.5	3,0	2,7	2,2	2,0	1,6	1,4
Krist. Chlorbarium $BaCl_2, 2aq$	—	2,4	2,2	—	1,7	—	1,3
Chlorkalium KCl	3,5	3,1	2,9	2,5	2,2	2,0	1,8
Chlornatrium $NaCl$	2,8	2,8	2,8	2,7	2,7	2,6	2,5
Eisenvitriol $FeSO_4, 7aq$	—	1,6	0,9 bei 24°	0,44 bei 46°	—	0.37 bei 84°	—
Kaliumbichromat $K_2Cr_2O_7$	20,0	11,9	7,6	3,4	2,0	1,4	1,0
Kupfervitriol $CuSO_4, 5aq$	3,2	2,7	2,4	1,8	1,3	0,85	0,50
Krist. Natriumkarbonat $Na_2CO_3, 10aq$	4,7	2,4	1,1	0,36 bei 30°	—	—	—
Entw. Natriumkarbonat Na_2CO_3	14,1	7,9	4,7	2,0	2,1	2,2	2,2
Krist. Natriumphosphat $Na_2HPO_4, 12aq$	—	6,7 bei 15°	5,8	3,2 bei 25°	—	—	—

FSC
www.fsc.org
MIX
Papier | Fördert
gute Waldnutzung
FSC® C083411

Zeitfracht Medien GmbH
Ferdinand-Jühlke-Straße 7
99095 Erfurt, Deutschland
produktsicherheit@kolibri360.de